W0254902

Ergebnisse der Anatomie und Entwicklungsgeschichte
Advances in Anatomy, Embryology and Cell Biology
Revues d'anatomie et de morphologie expérimentale
Springer-Verlag Berlin Heidelberg New York

This journal publishes reviews and critical articles covering the entire field of normal anatomy (cytology, histology, cyto- and histochemistry, electron microscopy, macroscopy, experimental morphology and embryology and comparative anatomy). Papers dealing with anthropology and clinical morphology will also be accepted with the aim of encouraging co-operation between anatomy and related disciplines.

Papers, which may be in English, French or German, are normally commissioned, but original papers and communications may be submitted and will be considered so long as they deal with a subject comprehensively and meet the requirements of the Ergebnisse.

For speed of publication and breadth of distribution, this journal appears in single issues which can be purchased separately; 6 issues constitute one volume.

It is a fundamental condition that manuscripts submitted should not have been published elsewhere, in this or any other country, and the author must undertake not to publish elsewhere at a later date.

25 copies of each paper are supplied free of charge.

Les résultats publient des sommaires et des articles critiques concernant l'ensemble du domaine de l'anatomie normale (cytologie, histologie, cyto et histochimie, microscopie électronique, macroscopie, morphologie expérimentale, embryologie et anatomie comparée. Seront publiés en outre les articles traitant de l'anthropologie et de la morphologie clinique, en vue d'encourager la collaboration entre l'anatomie et les disciplines voisines.

Seront publiés en priorité les articles expressément demandés nous tiendrons toutefois compte des articles qui nous seront envoyés dans la mesure où ils traitent d'un sujet dans son ensemble et correspondent aux standards des «Résultats». Les publications seront faites en langues anglaise, allemande et française.

Dans l'intérêt d'une publication rapide et d'une large diffusion les travaux publiés paraitront dans des cahiers individuels, diffusés séparément: 6 cahiers forment un volume.

En principe, seuls les manuscrits qui n'ont encore été publiés ni dans le pays d'origine ni à l'étranger peuvent nous être soumis. L'auteur d'engage en outre à ne pas les publier ailleurs ultérieurement.

Les auteurs recevront 25 exemplaires gratuits de leur publication.

Die Ergebnisse dienen der Veröffentlichung zusammenfassender und kritischer Artikel aus dem Gesamtgebiet der normalen Anatomie (Cytologie, Histologie, Cyto- und Histochemie, Elektronenmikroskopie, Makroskopie, experimentelle Morphologie und Embryologie und vergleichende Anatomie). Aufgenommen werden ferner Arbeiten anthropologischen und morphologisch-klinischen Inhaltes, mit dem Ziel die Zusammenarbeit zwischen Anatomie und Nachbardisziplinen zu fördern.

Zur Veröffentlichung gelangen in erster Linie angeforderte Manuskripte, jedoch werden auch eingesandte Arbeiten und Originalmitteilungen berücksichtigt, sofern sie ein Gebiet umfassend abhandeln und den Anforderungen der ,,Ergebnisse" genügen. Die Veröffentlichungen erfolgen in englischer, deutscher oder französischer Sprache.

Die Arbeiten erscheinen im Interesse einer raschen Veröffentlichung und einer weiten Verbreitung als einzeln berechnete Hefte; je 6 Hefte bilden einen Band.

Grundsätzlich dürfen nur Manuskripte eingesandt werden, die vorher weder im Inland noch im Ausland veröffentlicht worden sind. Der Autor verpflichtet sich, sie auch nachträglich nicht an anderen Stellen zu publizieren.

Die Mitarbeiter erhalten von ihren Arbeiten zusammen 25 Freiexemplare.

Manuscripts should be addressed to/Envoyer les manuscrits à/Manuskripte sind zu senden an:

Prof. Dr. A. Brodal, Universitetet i Oslo, Anatomisk Institutt, Karl Johans Gate 47 (Domus Media), Oslo 1/Norwegen.

Prof. W. Hild, Department of Anatomy, The University of Texas Medical Branch, Galveston, Texas 77550 (USA).

Prof. Dr. R. Ortmann. Anatomisches Institut der Universität, D-5000 Köln-Lindenthal, Lindenburg.

Prof. Dr. T.H. Schiebler, Anatomisches Institut der Universität, Koellikerstraße 6, D-8700 Würzburg

Prof. Dr. G. Töndury, Direktion der Anatomie, Gloriastraße 19, CH-8006 Zürich.

Prof. Dr. E. Wolff, Collège de France, Laboratoire d'Embryologie Expérimentale, 49 bis Avenue de la belle Gabrielle, Nogent-sur-Marne 94/France.

Ergebnisse der Anatomie und Entwicklungsgeschichte
Advances in Anatomy, Embryology and Cell Biology
Revues d'anatomie et de morphologie expérimentale

45 · 2

Editores
A. Brodal, Oslo · W. Hild, Galveston · R. Ortmann, Köln
T. H. Schiebler, Würzburg · G. Töndury, Zürich · E. Wolff, Paris

R. Hebel

Entwicklung und Struktur der Retina und des Tapetum lucidum des Hundes

Mit 27 Abbildungen

Springer-Verlag Berlin Heidelberg GmbH

Privatdozent Dr. Rudolf Hebel
Institut für Histologie und Embryologie der Tiere
Universität München
(Vorstand: Prof. Dr. P. Walter)
D-8000 München 22
Veterinärstr. 13

ISBN 978-3-540-05548-8   ISBN 978-3-662-01075-4 (eBook)
DOI 10.1007/978-3-662-01075-4

Inhalt

I. Einführung

Der Vorgang des Sehens, d.h. die Umsetzung von Helligkeitsunterschieden, Formen, Farbtönen und Bewegung in eine koordinierte Erregung ist zweifellos eines der interessantesten Phänomene des Lebens. Die Wahrnehmung von Licht ist wohl den meisten Formen innerhalb der Entwicklungsreihe eigen, doch kommt es erst beim Wirbeltier zur Ausbildung eines kompliziert gebauten Inversionsauges, dessen eigentlich receptorischer Teil, die Retina, in einen komplexen Hilfsapparat eingebaut ist.

Läßt sich die Funktion dieses Hilfsapparates in Form der bilderzeugenden oder der schützenden Einrichtungen noch relativ leicht überblicken, so ist es trotz fortwährender Bemühungen bislang nicht gelungen, den Sehvorgang selbst, von der Umsetzung der Energie des Lichtes in Erregung, über deren Fortleitung innerhalb der Retina bis zur Perzeption im Großhirn auch nur annähernd zu klären.

Es liegt zwar eine große Anzahl von Teilergebnissen vor, die mit physikalischen und chemischen Nachweisen und Methoden der Verhaltensforschung oder embryologischen, histologischen, histochemischen, elektronenmikroskopischen Methoden erzielt wurden, doch wird es dabei zunehmend schwieriger, das gesamte Schrifttum über die Retina zu überblicken.

Dieser Arbeit liegt die Absicht zugrunde, durch Anwendung traditioneller und moderner Forschungsmittel und Verfahren einen Überblick über den Aufbau der Retina *einer* Tierart zu erhalten. Die Lichtmikroskopie hat dabei nicht die Aufgabe, alle Methoden zu wiederholen, die schon bei den verschiedensten Species zur Anwendung kamen, sondern die, mit relativ einfachen Mitteln die mikroskopische Anatomie der Netzhaut des Hundes zu klären.

Das Schwergewicht der Strukturanalyse liegt bei der Elektronenmikroskopie. Eine vorausgehende kurze Schilderung der Embryonalentwicklung kann zum Verständnis morphologischer Prinzipien beitragen. Neben der Retina wurde das Tapetum lucidum untersucht, das, obwohl von der Entwicklung her nicht zur Retina gehörig, mit dem Sehvorgang in unmittelbarem Zusammenhang steht.

Erst eine möglichst weitgehende und komplette Untersuchung aller am Sehvorgang beteiligten Elemente der Retina wird es ermöglichen, auf einige wenige Ergebnisse der physiologischen Arbeitsrichtung einzugehen und sie im Zusammenhang zu diskutieren.

II. Material und Methodik

Die Befunde zur Entwicklung des Auges wurden an 9 Früchten nach 20tägiger, an 10 Foeten nach 40tägiger Trächtigkeit, 3 geburtsreifen Früchten und einem 10 Tage alten Welpen[1] erhoben. Beim ersten untersuchten Stadium wurde die Augenanlage mit Umgebung, bei den späteren Stadien der Augenhintergrund entnommen und in das Fixans (Glutaraldehyd 6,5%ig, pH 7,3, Phosphatpuffer) verbracht.

Die Augen von 20 erwachsenen Hunden[1] verschiedener Rassen wurden kurz nach der Tötung durch Perfusion von Glutaraldehyd über die A. carotis fixiert, die Bulbi anschließend eröffnet und in das gleiche Fixans eingelegt.

Nach etwa $^1/_2$ Std wurden Retina und Chorioidea von der Sklera getrennt, die Area centralis und schmale Streifen (1 mm) aus orawärts aufeinanderfolgenden Zonen der dorsalen und ventralen Hälfte der Retina ausgeschnitten und erneut in das Fixans gebracht. Nach einer insgesamt etwa 3stündigen Fixierungsdauer erfolgte ein etwa 12stündiges Auswaschen in Pufferlösung (mit 3,5% Saccharose). Daran schloß sich eine 3stündige Nachfixierung in 1%iger gepufferter OsO_4-Lösung. Danach wurden die Gewebsstücke in einer aufsteigenden Acetonreihe entwässert und in Araldit oder Durcupan eingebettet.

Ultradünnschnitte wurden mit Glasmessern auf einem LKB-Ultramikrotom angefertigt, mit Uranylacetat und Bleihydroxyd bzw. Bleicitrat nachkontrastiert und in einem Elmiskop I (Siemens) untersucht.

Für die Herstellung von Semidünnschnitten wurde ein Leitz-Ultramikrotom benutzt; die Schnitte wurden mit Toluidinblau oder mit Azur II und Methylenblau (nach Richardson et al., 1960) gefärbt. Für die Untersuchung des Tapetum lucidum wurde daneben der Augenhintergrund von jeweils zwei Hunden in Aceton (70%ig) bzw. OsO_4-Lösung (nach J. B. Caulfield, 1957) fixiert, in einer aufsteigenden Acetonreihe entwässert und eingebettet.

Ein lebendfrisch entnommener Augenhintergrund wurde nach Entfernung der Retina mit einem Polarisationsmikroskop (Leitz) im Auflicht, Gefrierschnitte (flach) des gleichen Materials im Durchlicht untersucht.

Von 20 Tieren wurde die Chorioidea des Augenhintergrundes entnommen und das Tapetum lucidum soweit möglich von den pigmentierten Anteilen der mittleren Augenhaut getrennt. An beiden Gewebsanteilen wurde anschließend eine Bestimmung des Riboflavingehaltes[2] durchgeführt.

III. Entwicklung von Retina und Tapetum lucidum

Literatur

In vergleichenden Lehrbüchern der Embryologie (s. O. Zietschmann und O. Krölling, 1955; D. Stark, 1965) und Handbüchern der Anatomie (W. Kolmer, 1936; J. W. Rohen, 1964) wird die Entwicklung der Retina beim Säuger in weitgehender Übereinstimmung abgehandelt. Hinweise auf prinzipielle Besonderheiten in der Genese der Netzhaut beim Hund sind nicht gegeben. H. B. Parry (1953) beschreibt die Ausbildung der Retina des Hundes kurz vor und nach der Geburt und weist besonders auf die beim Menschen zum Zeitpunkt der Geburt wesentlich weiter fortgeschrittene Situation hin. Kurz vor der Geburt sind beim Hund weder Stäbchen noch Zapfen differenziert, die äußeren Neuroblasten bilden eine zusammenhängende Schicht, eine äußere plexiforme Schicht ist also noch nicht ausgebildet. Dem Kernbild der äußeren Neuroblastenschicht kann nicht entnommen werden, welche Zellen jeweils aus ihnen entstehen.

Bereits abgesetzt sind die Ganglienzellen und die innere plexiforme Schicht. Nervenzellschicht und Membrana limitans interna treten wenig hervor. Die Pigmentepithelzellen enthalten wenig oder kein Pigment mit Ausnahme der peripheren Zone. Die Differenzierung des Tapetum von der Chorioidea ist noch ungenau. Um die Geburt (62. Tag) beginnt die Trennung der äußeren Neuro-

---

1 Für ihre freundliche Unterstützung bei der Beschaffung des Untersuchungsmaterials danke ich den Herren Kollegen Dr. G. Berg, Medizinische Tierklinik, Dr. C.-P. Tröger und Dr. D. Jüngling, Gynäkologische und ambulatorische Tierklinik der Tierärztlichen Fakultät München.

2 Für die Durchführung der Analysen bin ich Herrn Prof. Dr. J. Schole, Institut für Physiologische Chemie der Tierärztlichen Hochschule Hannover, zu Dank verpflichtet.

blastenschicht und wird zwischen 66. und 68. Tag abgeschlossen. Die Receptoren erscheinen immer noch gering entwickelt (Länge 2—2,5 μ), einzelne Zapfenkerne können von den Stäbchenkernen unterschieden, das Tapetum kann klar als Schicht ovaler Zellen gegen die Umgebung abgegrenzt werden.

Um den 80. Tag post conceptionem (p.c.) = 18. Tag post partum ist eine Unterscheidung in Innen- und Außenglieder der Receptoren möglich, die Kerne der inneren Körnerschicht sind weitgehend differenziert, Fortsätze von Müllerschen Stützzellen treten erstmals deutlich in Erscheinung. Zwischen 85. und 105. Tag p.c. erreichen die Retina und das Tapetum einen Differenzierungsgrad, der dem des Erwachsenen gleicht, das Pigmentepithel ist vollständig pigmentiert. Der Autor stellt fest, daß der Entwicklungsablauf mit physiologischen Daten übereinstimmt. So ist erst 18—20 Tage post partum (p.p.) ein Pupillarreflex vorhanden, das Elektroretinogramm (ERG) ist nicht vor 6 Wochen p.p. voll ausgeprägt. G. M. P. Horsten und J. E. Winkelmann (1960) stellen dagegen fest, daß das ERG schon um den 15. Tag positiv ausfällt, zu einem Zeitpunkt, zu dem sie auch Stäbchen und Zapfen angelegt finden. Kurz vor der Geburt ist nach H. B. Parry (1953) noch keine klare Unterscheidung zwischen den Tapetum- und den wenig pigmentierten Chorioideazellen möglich; zur Zeit der Geburt besteht das Tapetum aus einer Lage ovaler Zellen mit mäßig dichtem Cytoplasma, die sich einige Wochen danach in die Länge strecken. Bei ophthalmoskopischer Betrachtung erscheint das Tapetum 18—20 Tage nach der Geburt grau mit einem feinen granulären Muster, 4 Wochen p.p. violett-grau und verändert sich in den folgenden Wochen über taubengrau zur endgültigen Tönung. D. H. Usher (1924) findet mit der gleichen Untersuchungsmethode erste Anzeichen einer Tapetumreflexion erst zwischen dem 36. und 50. Tag nach der Geburt.

Elektronenmikroskopische Untersuchungen über die Entwicklung der Retina des Hundes liegen nicht vor. Von anderen Species sind zu diesem Komplex bzw. zur Genese des Pigmentepithels allein und des Tapetum mehrere Arbeiten erschienen, die sich vorwiegend mit Untersuchungen an einzelnen Strukturelementen befassen. In einer Studie über die Entwicklung des Pigmentepithels bei menschlichen Embryonen weist W. Lerche (1963) besonders auf vorübergehend auftretende seitliche Intercellularräume hin. Nach apikal ist der Intercellularspalt durch Desmosomen abgedichtet. Von der inneren Oberfläche der Epithelzellen gehen „Aufwerfungen und Faltungen" oder feine Fortsätze aus, die sich zwischen die Receptoranlagen einschieben.

Umstritten scheint der Ursprung der spezifischen Granula. Während H. M. Hirsch et al. (1965) und A. S. Breathnah und L. M.-A. Wyllie (1966) eine Abstammung der Pigmentgranula aus Anteilen des endoplasmatischen Reticulum bzw. des Golgi-Apparates annehmen, beschreiben W. Lerche und K. G. Wulle (1967) eine Entstehung aus Abschnürungen der äußeren Kernmembran. Die weitere Entwicklung erfolgt nach F. Moyer (1961) und W. Lerche (1962, 1963) in mehreren Stufen, wobei an parallel oder ungeordnet innerhalb einer einfachen Membran angeordneten Fäserchen Melanin angelagert wird. J. Winckler und H.-B. Turner (1969) bringen die frühe Melaninbildung mit dem fluorescenzmikroskopisch erfaßbaren Auftreten von Katecholaminen (wahrscheinlich Dopa) in Verbindung. Nach abgeschlossener Pigmentbildung verschwindet auch die Reaktion wieder.

Über die Entstehung der Receptoren herrscht weitgehende Übereinstimmung. Nach E. de Robertis (1956a) ist das Außenglied das Ergebnis der Differenzierung einer primitiven Cilie. Aus ihrem distalen Abschnitt bildet sich das komplexe Lamellensystem des Außengliedes, während ein kurzes Stück des proximalen oder basalen Teiles undifferenziert bleibt und das Verbindungscilium („connecting cilium") der fertigen Stäbchenzelle bildet. K. Tokuyasu und E. Yamada (1959) beobachten am Außenglied ein Einsenken der Außenmembran und eine Anordnung zu flachen Säckchen, nachdem vom äußeren Centriol Tubuli in das auswachsende Außenglied vorwachsen und sich an ihrer Spitze zu Bläschen umwandeln. Nach K. Meller (1968) können die Bläschen sowohl durch die Invagination der Zellmembran als auch lokal im Cytoplasma selbst entstehen. K. Tokuyasu und E. Yamada (1959), E. de Robertis (1960), F. S. Sjöstrand (1961), E. Yamada und T. Ishikawa (1965) u.a. leiten die Innenmembranen der Receptoren nur von Einstülpungen der Außenmembran ab. F. S. Sjöstrand (1961) vermutet, daß ein Teil des osmiophilen Materials der Plasmamembran bei der Einfaltung verloren geht, da die Innenmembranen der Receptoraußenglieder dünner sind als das Plasmalemm. Die Genese der Cilien selbst beschreiben W. Lerche (1963) und W. Lerche und K.-G. Wulle (1967) als Vorgang, der durch das Erscheinen eines Bläschens über dem der Zellmembran am nächsten liegenden Basalkörperchen eingeleitet wird. Es wird ein „intracellulärer Cytoplasmastrang geformt, der schließlich als Cilium aus der Zelle herauswächst". Nach A. Donovan (1966) erscheinen die ersten primitiven Receptoren bei der Katze in der Zeit um die Geburt; Außenglieder können 8—10 Tage später klar unterschieden werden.

T. A. Weidmann und T. Kuwabara (1968, 1969) finden bei der Ratte die ersten lamellären Außensegmentmembranen im Cytoplasma um die Cilien herum. Sie sind von unregelmäßiger Form und Anordnung und stehen gelegentlich mit dem ER oder kleinen Vacuolen in Verbindung. Eine Bildung der Lamellen durch Einfaltung der Zellmembran wurde nicht immer beobachtet.

Die synaptischen Anlagen der äußeren plexiformen Schicht eilen in der Entwicklung der inneren plexiformen Schicht um mehrere Tage voraus. S. L. Bonting et al. (1963) stellen fest, daß Rhodopsin gleichzeitig mit der Entwicklung des primitiven Ciliums auftritt und mit der Bildung der Stäbchenlamellen rasch zunimmt. Das ERG spricht erst an, nachdem diese Lamellen weitgehend ausgerichtet sind. Die Membrana limitans externa entwickelt sich nach Auffassung mehrerer Autoren (W. Lerche, 1963; E. Blechschmidt und H. Neumann, 1967; J. B. Sheffield und D. A. Fishman, 1970) aus desmosomalen Verbindungen zwischen Receptor- und Stützzellen.

Einen interessanten Überblick über die Bildung der Zellschichten der Retina entwickelt R. L. Sidman (1961) nach autoradiographischen Untersuchungen an der Maus. Danach sondern sich als erste die großen Ganglienzellen aus der primitiven „ependymalen" Zone der Retina ab und legen ohne weitere Teilung die Ganglienzellschicht an. Anschließend bilden sich die kleinen Nervenzellen dieser Schicht. Spätere bipolare Zellen teilen sich während einer unterschiedlich gerichteten Wanderung mehrmals und differenzieren sich meist erst nach der Geburt aus. In der Zone der Photoreceptoren laufen auch postnatal noch Mitosen ab. Aufgrund seiner Beobachtungen stellt der Autor die Hypothese auf, daß

die späteren synaptischen Gruppierungen („specifity of synaptic connections")
aus einer Erhaltung von Kontakten zwischen Tochterzellen entstehen.

Außer den bisher aufgeführten Arbeiten beim Säuger wurden vergleichend
eine lichtmikroskopische Studie über die Histogenese der Retina beim Huhn
(A. W. Weysse und W. S. Burgess, 1906) und die ausführlichen elektronenmikroskopischen Untersuchungen von K. Meller über die Entwicklung der Hühnchen-
retina herangezogen (K. Meller, 1968; aber auch K. Meller, 1964; K. Meller und
P. Glees, 1965; K. Meller und W. Breipohl, 1965; K. Meller und R. Haupt, 1967).

Über die Entwicklung des Tapetum wurden elektronenmikroskopische Untersuchungen bisher nur bei der Katze durchgeführt. E. Yamada (1958) findet bei
Jungtieren als charakteristische Einlagerungen fibrilläre oder filamentöse Strukturen im Zellinneren. Jedes Filament (Durchmesser 300—370 Å) ist in einer
Matrix eingebettet und wird von einer Membranhülle umschlossen. Die Filamente
weisen eine periodische Streifung (45 Å) auf. Ähnliche Bildungen mit etwas
anderen Ausmessungen (Durchmesser 800 Å, Querstreifungsperiodik 85 Å, Länge
um 1 μ) beschreibt auch H. H. Wolff (1968, 1969) bei neugeborenen Kätzchen.
Sie entstehen offenbar unter Beteiligung des ER. Bei ausgewachsenen Tieren
ist die Streifung verschwunden. M. H. Bernstein und D. C. Pease (1959) leiten
die spezifischen Tapetumzelleinschlüsse von benachbarten Melaningranula ab.

C. H. Pedler (1963) nimmt zwar ebenfalls ein gemeinsames Ausgangsmaterial
für beide Formen an, vermutet jedoch eine Ausdifferenzierung in zwei getrennten
Entwicklungsgängen.

Befunde

20 Tage p.c. (Abb. 1, 2). In diesem Stadium ist der Sehventrikel bereits weit-
gehend verschwunden, Innen- und Außenblatt der Retina liegen über weite
Strecken eng aneinander. Dem Pigmentepithel ist ein lockeres mesenchymales
Gewebe (Abb. 1, *Ch*) mit zahlreichen weitlumigen Capillaren unterlagert. Das
Epithel erscheint stellenweise zweischichtig und ist locker gefügt. Seine Zellen
enthalten besonders in den apikalen Abschnitten große, runde Pigmentgranula
(Durchmesser 1,5—2,5 μ); die Zellen des unterlagerten Mesenchyms sind noch
nicht pigmentiert. In nahezu regelmäßigen Abständen sind Mitosefiguren zu
beobachten. Das Innenblatt des Augenbechers besteht aus einer starken Schicht
eng aneinandergelagerter Zellen (Abb. 1, *N*) mit meist hochovalen, unterschiedlich
dichten Kernen und dem lockeren netzartig ausgebildeten Randschleier (Abb. 1, 2,
Rs), der zum Glaskörper hin durch eine wellig verlaufende Verdichtung begrenzt
wird. Gegen das Pigmentepithel ist der Verband der Retinazellen durch eine häufig
unterbrochene, dunkle Linie abgesetzt. Die Kerne der Neuroglioblasten (*N*) färben
sich unterschiedlich stark an; sie enthalten in der Regel mehrere Nucleolen.
Mitosefiguren treten gelegentlich auf. Das retinale Blatt enthält keine Blutgefäße.

Im Elektronenmikroskop zeigen die rundlichen Granula im Pigmentepithel
eine schollige Innenstruktur. In sehr dünnen Schnitten erscheint im Inneren
der Melanosomen eine zwiebelschalenartig aufeinanderfolgende Schichtung des
elektronendichten Melanins, die äußere Begrenzung besteht aus einer einfachen
Membran. Die Epithelzellen besitzen an ihrer inneren Oberfläche feine fingerförmige Fortsätze, die in den stellenweise noch angedeuteten Spaltraum des
Sehventrikels hineinragen. Die Zellen des Innenblattes begrenzen diesen Raum

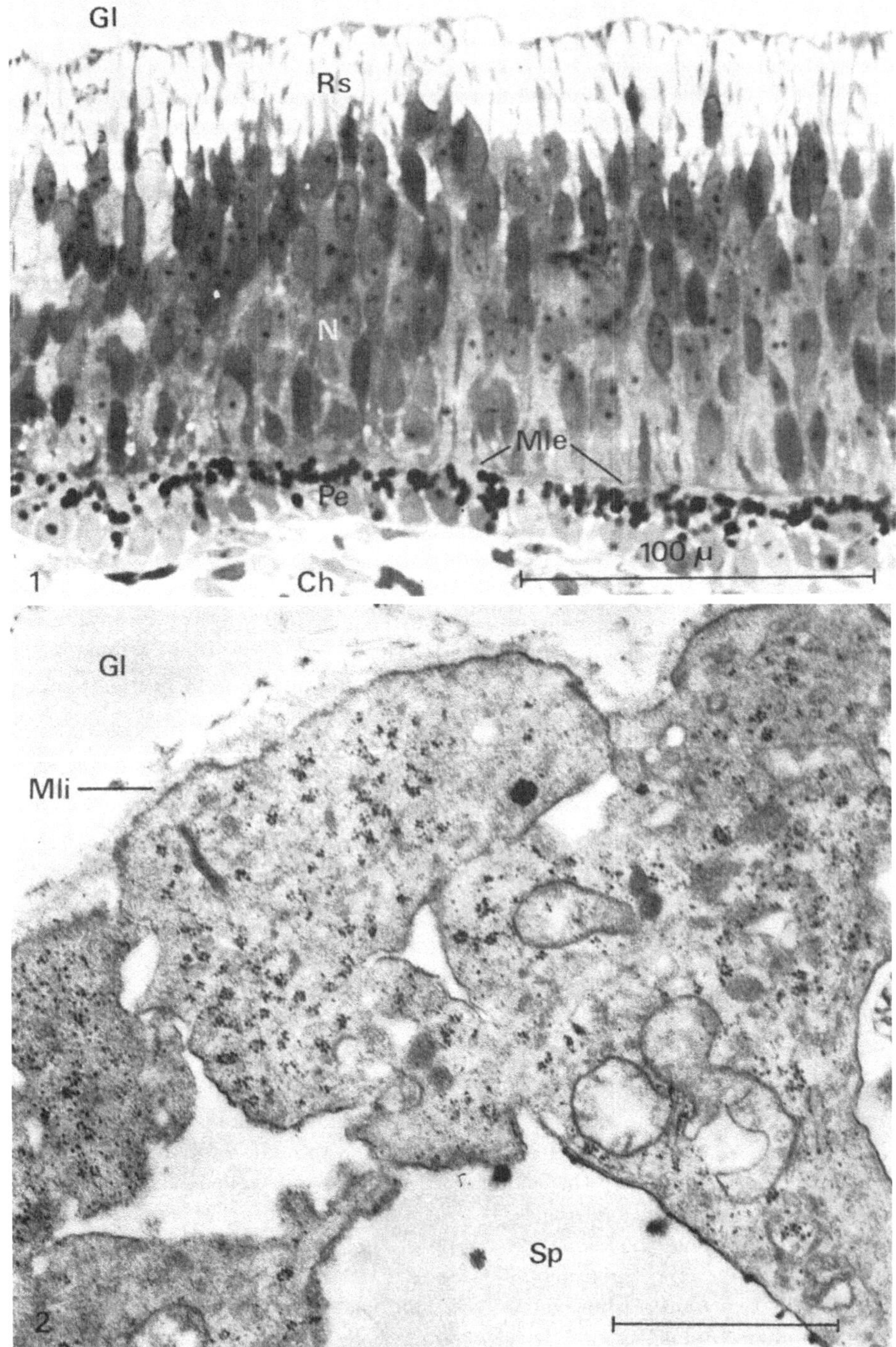

Abb. 1. Augenanlage, 20 Tage p.c. *Gl* Glaskörper, *Rs* Randschleier, *N* Neuroglioblasten der Retina, *Mle* Membrana limitans externa, *Pe* Pigmentepithel, *Ch* Chorioidea; Semidünnschnitt, Färbung nach Richardson. Vergr. 500×

Abb. 2. Augenanlage, 20 Tage p.c. *Gl* Glaskörper, *Mli* Membrana limitans interna, *Sp* Spaltraum zwischen den inneren Fortsätzen der Neuroglioblasten. Vergr. 30000×. Soweit nicht besonders vermerkt, beträgt die Länge des aufgetragenen Vergleichsmaßstabes 1 µ

auf der anderen Seite mit plumpen lappigen Fortsätzen, die seitlich mit Membranverdichtungen in der Art von Zonulae adhaerentes aneinander haften. Sie enthalten Centriolen, deren eines Ende spitz ausgezogen in das Zentrum einer
V-förmigen Vacuole eingeschoben ist und lassen damit den Ansatz einer Cilienbildung erkennen. Die Neuroglioblastenkerne zeigen — anders als im lichtmikroskopischen Bild — übereinstimmend gleichmäßige Verteilung des Chromatins
und mehrere Nucleolen. Das Cytoplasma enthält Ribosomen, Mitochondrien,
breite Schläuche des ER und große Vacuolen. Ungleichmäßig breite Fortsätze
dieser Zellen ziehen in Richtung auf die innere Oberfläche des Augenbechers,
nehmen unregelmäßig weite, leere Spalträume (Abb. 2, *Sp*) zwischen sich auf
und bilden durch Aneinanderlagerung an der Innenfläche der Retinaanlage eine
wellig verlaufende Oberfläche. Eine etwa 300 Å breite Basalmembran (*Mli*) folgt
dieser Begrenzung auf der Glaskörperseite, von wo aus feine Fibrillen in sie
einstrahlen.

42 Tage p.c. (Abb. 3—5). Beim Foetus dieser Altersstufe ist das Pigmentepithel
(Abb. 3, *Pe*) einschichtig kubisch, die Zellkerne sind rund. Das unterlagerte
Bindegewebe (*Ch*) besteht aus flach ausgebreiteten, unpigmentierten Zellen, die
sich vorwiegend parallel zur Basis des Epithels anordnen. Unmittelbar unter
den Epithelzellen verlaufen zahlreiche Blutgefäße.

Das Pigmentepithel des Augenhintergrundes ist in einer Ausdehnung, die
etwa der des späteren Tapetumbezirkes entspricht, nicht pigmentiert (Abb. 3).
Die übrigen Abschnitte enthalten kleine, meist rundliche Pigmentgranula.

Im Innenblatt der Retina ist eine Trennung in mehrere Schichten eingetreten.
Die hochprismatischen Zellen der „Innenplatte" (nach O. Zietschmann und
O. Krölling, 1955) enthalten ovale oder spindelförmige Kerne unterschiedlicher
Dichte. Die innersten Zellen (Abb. 4, *K*) dieser Schicht erscheinen rundlich und
beinhalten abgerundete, lockere Kerne. An der Basis der äußersten Kernschicht
ist die spätere Membrana limitans externa (*Mle*) jetzt als durchgehend dunkle
Linie zu erkennen.

Nach innen folgt auf die Innenplatte eine Schicht aus locker gefügten Fasern,
die von einzelnen dunklen, vorwiegend radiär verlaufenden Septen durchzogen
scheint und nur spärlich Zellen mit rundlichem Kern enthält. Diese (spätere
innere plexiforme) Schicht (Abb. 4, *ipl*) trennt die Innenplatte von einer Schicht
großer, polygonaler Zellen (Abb. 4, 5, *G*) mit locker strukturiertem Kern, der
sog. Mantelschicht (nach O. Zietschmann und O. Krölling, 1955), die das Ausgangsmaterial für die Ganglienzellschicht darstellt. Die oben erwähnten dunklen
Septen (Abb. 5, *Mü*) treten zwischen den Zellen dieser Schicht hindurch, schließen
darüber Bezirke von locker gefügtem Gewebe ein und treten an der inneren
Oberfläche der Retina zu einem schmalen, dunklen Randsaum zusammen. Im
Bereich der Mantelzellen sind zu diesem Zeitpunkt die ersten Gefäße (Abb. 5, *K*)
zu erkennen.

In den flach ausgebreiteten Zellen der mesenchymalen Tapetumanlage treten
im elektronmikroskopischen Bild ein umfangreiches ER und reichlich freie
Ribosomen in Erscheinung (Abb. 3, *Ch*). Das Pigmentepithel (*Pe*) enthält in
diesem Bereich außer großen Mitochondrien ebenfalls ein ausgebreitetes granuliertes ER und lysosomenähnliche Einschlüsse; die seitliche und innere Oberfläche zeichnen sich durch zonulaähnliche Membranverdichtungen (*Zo*) und zahl-

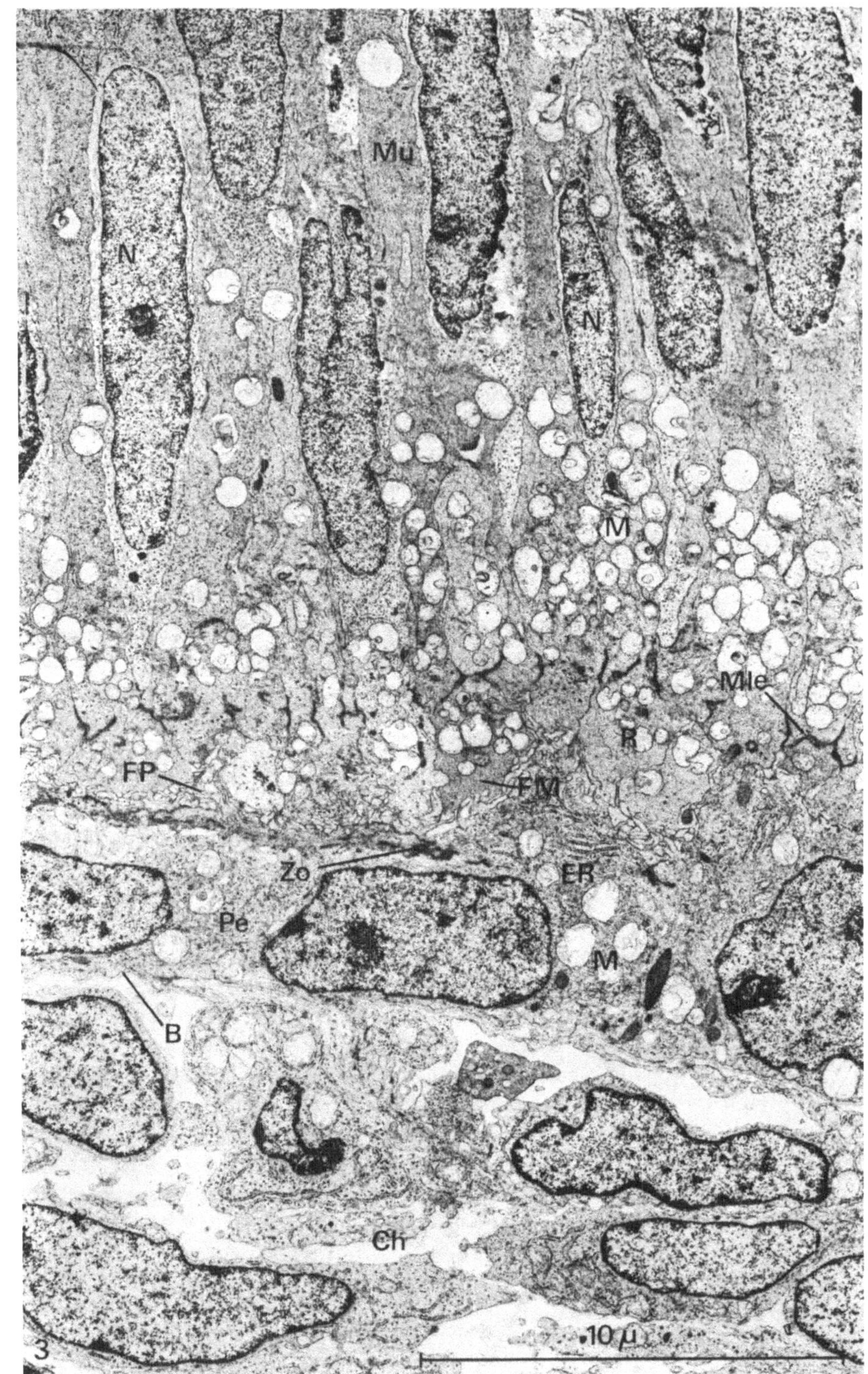

Abb. 3

reiche, eng aneinanderliegende feine Fortsätze aus. Auch von einzelnen Zellen des Retinainnenblattes erstrecken sich solche Fortsätze (*FM*) in den ehemaligen Sehventrikel, ausgehend von einem Teil der breiten, außerhalb der „Membrana limitans externa" (*Mle*) gelegenen Ausläufer, die über schmale Plasmastränge (*Mü*) mit ihren weit innen liegenden Perikarya in Verbindung stehen. Die Kerne dieser Zellen sind dichter strukturiert und schmaler als die der Nachbarschaft, ihr Cytoplasma, das sich auch nach innen in Form schmaler Septen bis zur Innenfläche der Retina fortsetzt, erscheint hier durch Einlagerung feiner Filamente dunkler strukturiert. Diese Strukturen weisen sie als Müllersche Stützzellen aus.

Die äußeren Zellen der „Innenplatte" erscheinen weiterhin einheitlich. Ihre äußeren, nahe der Membrana limitans externa gelegenen Bezirke enthalten reichlich großblasige Mitochondrien und Ribosomen. An der Glaskörperseite der Innenplatte liegen dagegen 1—2 Lagen spindelförmiger Zellen (Abb. 4, *K*) mit hellem Cytoplasma, ovalem, lockeren Kern und einem breiten Fortsatz, der sich in Richtung auf die innere plexiforme Schicht hinzieht. Auf dieser Seite sind im Perikaryon häufig ein Golgi-Apparat, granuliertes ER, Ribosomen und Ansammlungen von Mitochondrien zu beobachten.

Die innere plexiforme Schicht (*ipl*) besteht aus eng aneinandergelagerten Fortsätzen unterschiedlichen Kalibers. Sie lassen wenig strukturelle Einzelheiten erkennen.

Die Zellen der Mantelschicht (Abb. 4, 5, *G*) besitzen einen locker strukturierten Kern mit großem Nucleolus; ihr Perikaryon ist, besonders gegen die Seite zur inneren plexiformen Schicht hin, mit zahlreichen Zellorganellen ausgestattet (granuliertes ER, Mitochondrien, Ribosomen, Lysosomen, Vacuolen). Sie entsenden nach außen breit angelegte, lappige und organellenreiche Fortsätze, nach innen schmal zulaufende, wenig strukturierte Ausläufer. Der Randschleier enthält noch immer große Spalträume (Abb. 5, *Sp*); in diesem Bereich treten Gefäße (*K*) mit hohem, organellenreichen Endothelbelag auf.

63 Tage p.c., Geburt (Abb. 6, 7). Das Pigmentepithel (Abb. 6, *Pe*) enthält bereits länglich geformte Granula in allen Abschnitten der Zellen. Die locker strukturierten Kerne sind zuweilen leicht eingedellt und weisen zumeist mehrere Nucleolen auf. Die unterlagerten Capillaren bilden ein engmaschiges Netz und wölben die Epithelzellen, deren Basen hier großblasige Einbuchtungen zeigen, nach innen vor.

In die flach ausgezogenen Zellen der Chorioidea (*Ch*) sind rundliche große Pigmentgranula in jeweils einer Reihe eingelagert. Im Bereich des Tapetum findet sich unter dem Pigmentepithel eine starke Zone (bis zu 10 Zellschichten) heller, ovaler oder spindelförmiger Zellen. Neben dem ovalen Kern treten im Cytoplasma feine, rötlich getönte Einlagerungen in Erscheinung.

Außerhalb der Membrana limitans externa (*Mle*) erscheinen die ersten Vorstufen der Receptoren in Form einer häufig unterbrochenen Lage eines nahezu

Abb. 3. Augenanlage, 42 Tage p.c. *N* äußere Receptorzellen, *Pe* Pigmentepithel (nicht pigmentierter Bereich), *Ch* Chorioidea, *Mü* Müllersche Stützzellen, *FM* deren Fortsätze, *M* Mitochondrien, *R* Receptoranlagen, *Mle* Membrana limitans externa, *FP* apikale Fortsätze des Pigmentepithels, *Zo* Zonulabildung, *Er* endoplasmatisches Reticulum, *B* Basalmembran. Vergr. 6000×

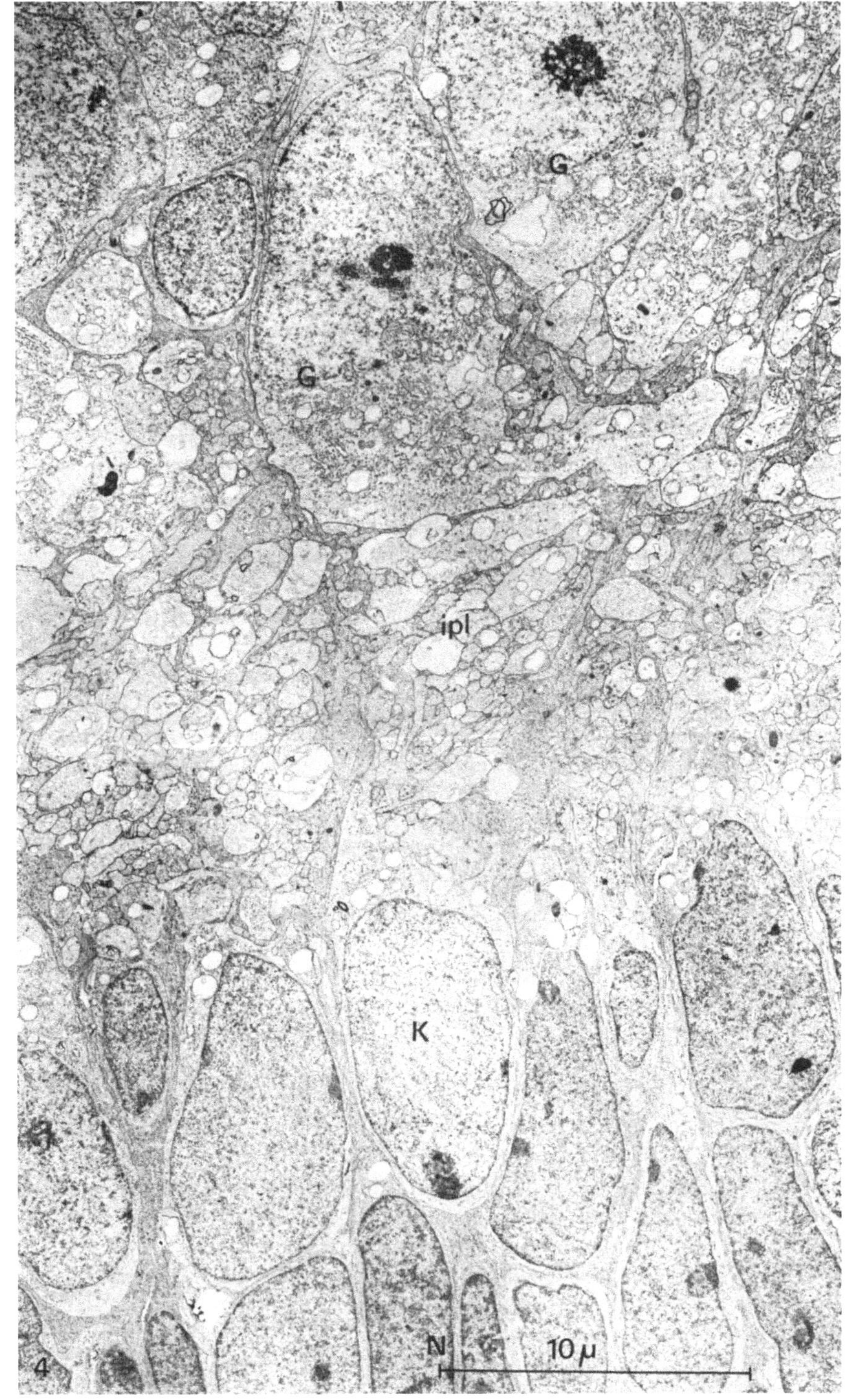

Abb. 4. Augenanlage, 42 Tage p.c. *G* Mantelzellschicht, *ipl* innere plexiforme Schicht, *K* innere und *N* äußere Schicht der „Innenplatte". Vergr. 5500×

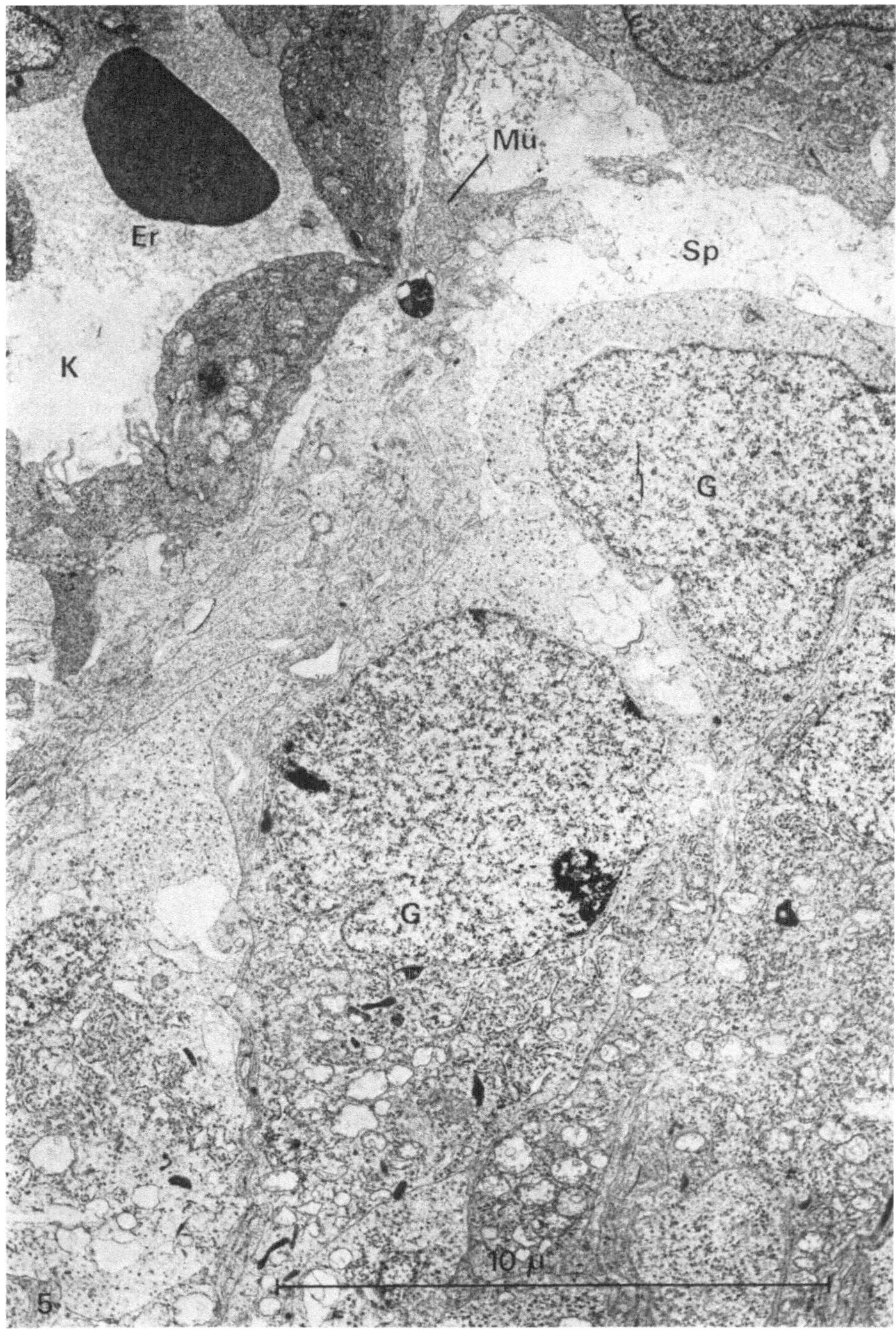

Abb. 5. Augenanlage, 42 Tage p.c. *G* Mantelzellschicht, *K* Capillare, *ER* Erythrocyt, *Mü* Mü -
lersche Zelle, *Sp* Spaltraum des Randschleiers. Vergr. 7500 ×

homogenen Cytoplasmas. Das gleiche Material scheint sich innerhalb der Grenz-membran fortzusetzen, so daß die äußersten Neuroblastenkerne von der Membrana limitans externa durch einen breiten, wenig strukturierten Plasmasaum getrennt sind.

Die äußeren drei Viertel der Innenplatte sind eingenommen von vorwiegend hochovalen, dicht strukturierten Kernen (*S*), die deutliche Ähnlichkeit mit den späteren Stäbchenkernen aufweisen. In der äußersten Zellage zeigen die Kerne (*Z*) dagegen eine lockere Chromatinstruktur und sind somit als Vorläufer der Zapfen-kerne zu identifizieren. Beide Kernarten zusammen sind in etwa 15 Schichten übereinandergelagert.

An der Grenze zum inneren Viertel der Innenplatte liegen in einer Reihe weitlumige Blutgefäße. Da die von dieser Linie nach innen zu gelegenen Kerne häufig rundliche Form und ein locker gefügtes Chromatin besitzen, können sie als Vorstufen der inneren Körnerschicht (*iks*) angesehen werden. Eine eindeutige Zuordnung der hier gelegenen Kerne ist jedoch noch nicht möglich. Eine äußere plexiforme Schicht ist noch nicht zu erkennen.

Die innere plexiforme Schicht (*ipl*) besteht aus dicht gefügten Fasern, die sich vorwiegend in horizontaler und radiärer Richtung überkreuzen. Nach innen folgt eine Lage von Ganglienzellen (*G*) und auf diese ein enges Netz weitlumiger Gefäße (*K*), das die Ganglienzellschicht von den Bündeln der Nervenfaserschicht (*NF*) trennt. Zwischen den Faserbündeln treten die Septen der Müllerschen Stützzellen nun deutlich hervor.

Die Einlagerungen der Tapetumzellen, die lichtmikroskopisch als feine Granu-lationen in Erscheinung treten, erweisen sich im elektronenmikroskopischen Bild als vorwiegend parallel angeordnete, stäbchenartige Einschlüsse mit einer ein-fachen Membranhülle und einer elektronendichten, quer zur Längsachse perio-disch gebänderten Innenstruktur (Abb. 7). Sie erreichen eine Länge bis zu 1,5 µ, ihr Durchmesser liegt bei 800—1000 Å. Die Periode der Querstreifung läßt sich mit 100 Å festlegen, d.h. dunkle und helle Zone messen jeweils 50 Å. Zwischen den Einlagerungen treten häufig Schläuche des granulierten ER (*ER*) auf.

Das lichtmikroskopisch homogene Plasma der Receptoranlagen zeigt zahl-reiche Zellorganellen, vor allem Mitochondrien, ER und gegen das Pigmentepithel hin regelmäßig Centriolen. Im Intercellularraum treten vereinzelt Quer- und Längsschnitte von primitiven Cilienanlagen auf, deren Kuppe abgerundet erscheint.

Das Zellbild von Innenplatte und Mantelschicht entspricht weitgehend dem des vorigen Stadiums. In der inneren plexiformen Schicht sind die Zellfortsätze weniger plump und scheinen oft mit granulierten, tubulösen und vesiculären Einschlüssen ausgestattet. Die Spalträume des ehemaligen Randschleiers sind stark verringert. An dieser Stelle stehen Nervenfaserbündel und große Blutgefäße im Vordergrund.

10 Tage p.p. (Abb. 8, 9). Kurz vor Öffnung der Lidspalte weist der Augen-hintergrund alle Schichten des Auges des erwachsenen Tieres auf. Das Tapetum ist mit einer parallelen Schichtung von 8—10 Lagen flacher Zellen mit abge-platteten Kernen angelegt. Die Zellen sind weitgehend mit feinen granulären Einlagerungen angefüllt. Am Pigmentepithel ist keine Veränderung zu bemerken. Die Receptoranlagen bestehen aus breiten Fortsätzen der äußeren Körnerzellen, die an der Spitze dünne, stäbchenförmige Fortsätze erkennen lassen.

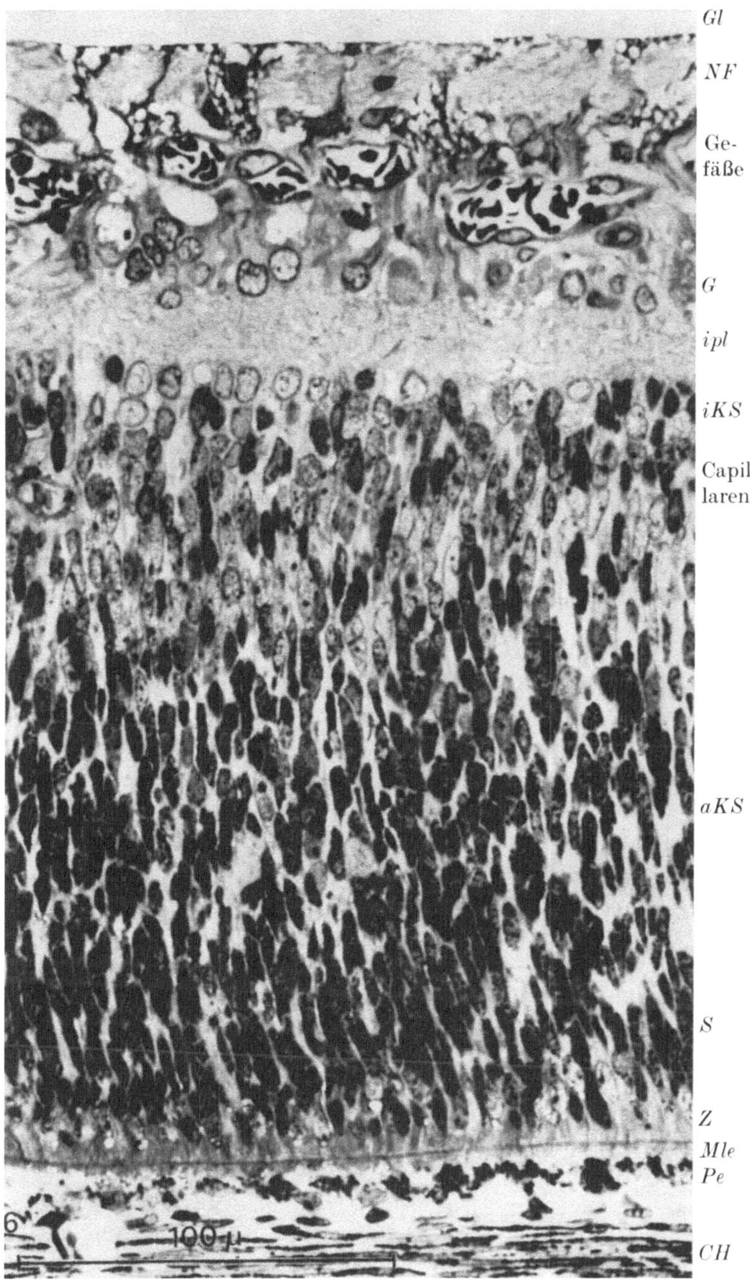

Abb. 6. Augenhintergrund z. Zt. der Geburt. *Ch* Chorioidea, *Pe* Pigmentepithel, *Mle* Membrana limitans externa, *S* Stäbchenkerne, *Z* Zapfenkerne, *aKS* äußere Körnerschicht, *iKS* innere Körnerschicht, *ipl* innere plexiforme Schicht, *G* Ganglienzellschicht, *NF* Nervenfaserschicht, *Gl* Glaskörper. Semidünnschnitt, Färbung nach Richardson. Vergr. 500×

Die Receptorkerne sind unmittelbar an die Membrana limitans externa herangerückt; sowohl die Zapfen- als auch die Stäbchenkerne zeigen sich verkürzt und nähern sich der rundlichen Form. Die äußere plexiforme Schicht ist als blasser, homogen erscheinender Saum deutlich abgesetzt.

Innerhalb der inneren Körnerschicht sind die vier vertretenen Zellarten aufgrund ihres Kernbildes mit hinreichender Sicherheit zu unterscheiden. Die Horizontalzellen besitzen einen hellen, halbmondförmigen Kern, die amacrinen Zellen zeichnen sich durch einen ebenfalls hellen, von der Glaskörperseite eingebuchteten Kern aus. Lediglich aufgrund ihrer größeren Dichte können die Kerne der Müllerschen Zellen von den ebenfalls ovalen Kernen der Bipolaren unterschieden werden.

Innere plexiforme Schicht, Ganglienzellschicht und Nervenfasern zeigen lediglich quantitative Unterschiede zum vorher besprochenen Stadium (s. Tabelle 1). Das bisher einheitliche Bild der Ganglienzellen ist jetzt durch Größenunterschiede der Kerne und der Perikarya verloren gegangen. Das Netz der Blutgefäße erscheint weniger dicht.

In den spezifischen Einschlüssen der Tapetumzellen ist die periodische Querbänderung durch Einlagerungen elektronendichten Materials weitgehend verschwunden. Im Pigmentepithel fallen vor allem zahlreiche, von der apikalen Oberfläche ausgehende, fingerförmige Ausfaltungen (Abb. 9, *F*) auf, die die Spitzen der Receptoranlagen (*RA*) zwischen sich einschließen. An diesen kann inzwischen ein bei Stäbchen und Zapfen unterschiedlich breites Innenglied (*RI*), das lang ausgezogene Verbindungscilium (*VZ*) und ein unterschiedlich weit entwickeltes Außenglied (*RA*) unterschieden werden.

Die Innenglieder enthalten Mitochondrien, granuliertes ER, ein Golgi-Feld, Neurotubuli und — ausgehend von dem inneren Centriol — periodisch gestreifte Wurzelfibrillen, die etwa bis in Höhe der Membrana limitans externa reichen.

An Querschnitten durch das Verbindungscilium sind neun kreisförmig angeordnete Paare von Mikrotubuli (*MT*) zu erkennen; im Zentrum des Kreises fehlen solche Tubulusquerschnitte. Die Anlagen der Außenglieder zeigen unterschiedliche Form und Innenstruktur. Teilweise bestehen sie aus tropfenförmigen Cytoplasmabezirken (Abb. 9a), in die vom Verbindungscilium Tubuli einstrahlen. Daneben enthalten sie bläschenförmige Einschlüsse. Andere Außenglieder (Abb. 9b) zeigen solche Bläschen (*V*) und kurze tubulöse Elemente (*T*) im Zen-

Abb. 7. Tapetumzelle z. Zt. der Geburt; die Anlagen der spezifischen Einschlüsse (*E*) zeigen eine periodische Querstreifung (Pfeil), *ER* endoplasmatisches Reticulum. Vergr. 49000×

Abb. 8. Bildung von Receptorsynapsen bei 10 Tage alten Welpen. *K* Kern der inneren Receptorzellreihe, *PR* Fortsatz einer Zapfenzelle mit Synapsenbändern (*SB*); von der äußeren plexiformen Schicht kommend stülpen sich Fortsätze (*Ps*) ein, *Mv* Membranverdichtungen, *M* Mitochondrien, *NT* Neurotubuli. Vergr. 22000×

Abb. 9a u. b. Anlage der Receptoren beim 10 Tage alten Welpen. *RI* Innenglied, das Verbindungscilium (*VZ*) enthält neun Paare von Mikrotubuli (*MT*); die Außenglieder (*RA*) sind teilweise noch undifferenziert (Abb. 9a), zum Teil enthalten sie Bläschen (Abb. 9b, *V*), Tubuli (*T*) und flache Membransäckchen (*IM*); die Außengliedanlagen werden von Fortsätzen (*F*) des Pigmentepithels umgeben. Vergr. 43000×

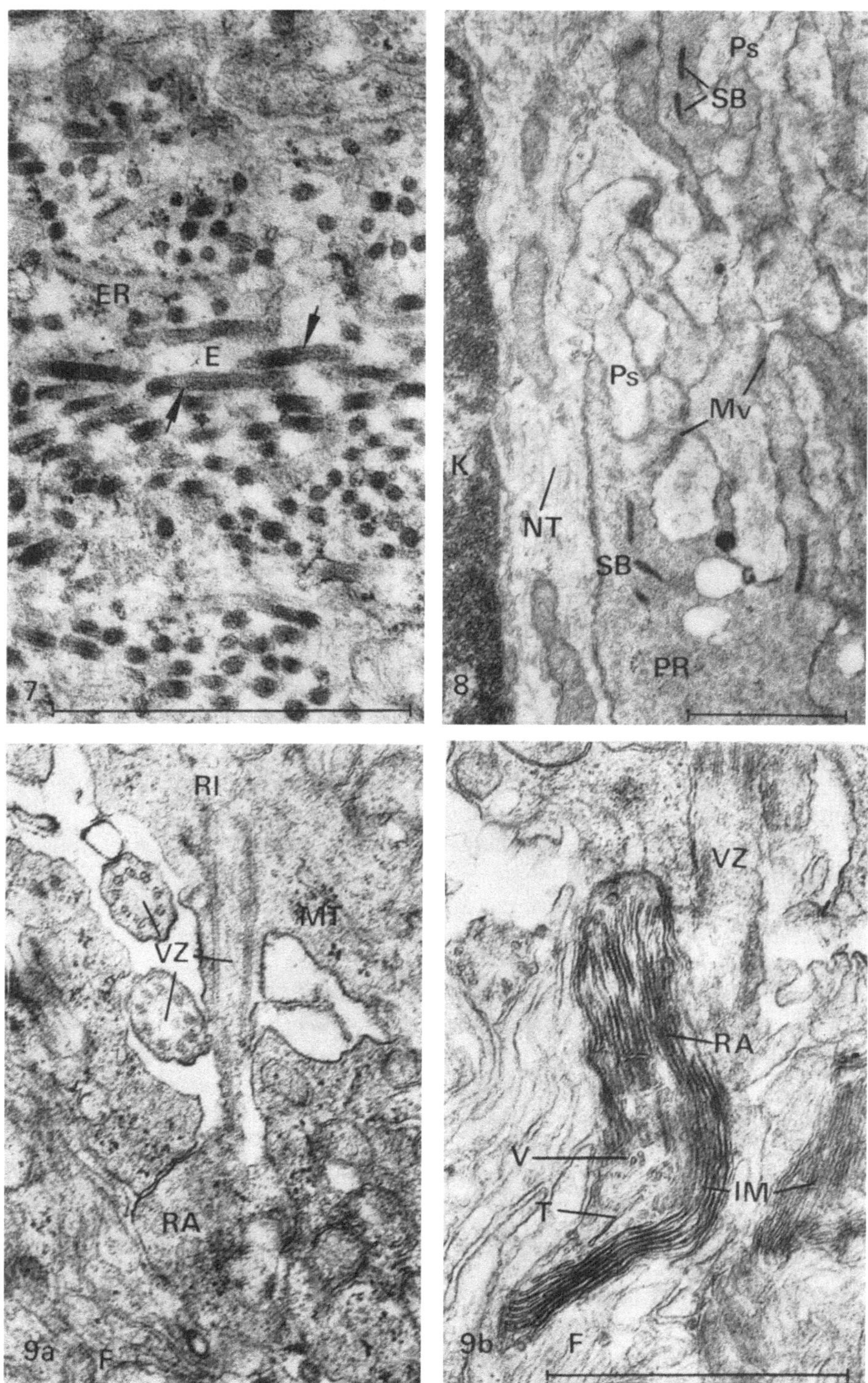

Abb. 7 bis 9a u. b

Tabelle 1. *Dicke der Zellschichten im Laufe der Entwicklung*

	20 Tage		42 Tage		63 Tage	10 Tage p. p.
Außenblatt der Retina:						
Pigmentepithel	10—15 μ		5 μ		10 μ	10 μ
Innenblatt der Retina:				Receptoren	2,5 μ	5 μ
				äußere Körnerschicht	125 μ	50 μ
		Innenplatte	85 μ		äußere plexiforme 5 μ Schicht	
Neuroglioblasten	85 μ			innere Körnerschicht	30 μ	30 μ
		innere plexiforme Schicht	10 μ		15 μ	20 μ
		Mantelschicht	20 μ	Ganglienzellschicht	10 μ	12 μ
Randschleier	10—15 μ		10 μ	Gefäße und Nerven	30 μ	12 μ
Insgesamt:	90—110 μ		130 μ		220 μ	145 μ
Chorioidea:	—		—	Tapetum	25 μ	25 μ

trum, während die Randbezirke von teilweise parallel gelagerten flachen Membransäckchen (*M*) eingenommen werden. In weiteren Stadien überwiegt die letztgenannte Form, wobei jedoch die parallelen Membranstapel in den meisten Fällen nicht quer zum Verbindungscilium, sondern schräg oder parallel zu dessen Längsachse eingestellt sind. Das Außenglied wird über eine weite Strecke von einem breiten, vom Innenglied ausgehenden Cytoplasmalappen begleitet.

Die Kerne von Stäbchen- und Zapfenzellen sind wegen ihrer unterschiedlichen Chromatindichte klar voneinander zu unterscheiden. Dendriten und Neuriten der Receptorzellen sind reichlich mit Mitochondrien, Ribosomen und Neurotubuli ausgestattet; im Cytoplasma benachbarter Müllerscher Stützzellen fehlen die letztgenannten Elemente.

In Höhe der innersten Receptorkernreihe (Abb. 8, *K*) beginnt die Bildung von Synapsenkörpern; die äußere plexiforme Schicht, die noch relativ schmal ausgebildet ist, wird vorwiegend von sich überkreuzenden Fasern eingenommen. Die Bildung der ersten Synapsen läßt zwei Erscheinungsformen erkennen: a) Zwischen den innersten Stäbchenkernen (*K*) senken sich zahlreiche Zellausläufer (*Ps*) in einen breiten Fortsatz (*PR*) ein, der Bläschen und meist mehrere kurze Synapsenbänder (*SB*) erkennen läßt; an den Kontaktstellen sind Membranverdichtungen (*Mv*) zu beobachten. b) In das Perikaryon einzelner Stäbchenzellen der inneren Reihe dringen einige Fortsätze ein, wobei im Plasma der Zellen ebenfalls Bläschen und Synapsenbänder auftreten.

Die innere Körnerschicht, die innere plexiforme Schicht und die Ganglienzellen weisen im Vergleich zum erwachsenen Tier vorwiegend Unterschiede in der Zellzahl bzw. der Schichtdicke auf. Die Zellen selbst erscheinen hinsichtlich ihrer Form, ihrer Lage und ihrer Ausstattung mit Zellorganellen weitgehend ausdifferenziert. In der inneren plexiformen Schicht sind zahlreiche synaptische

Kontakte aufgrund der typischen Anordnung von Synapsenbläschen und Membranverdichtungen zu erkennen. Ein großer Teil der Nervenfaserschicht wird von den Neuriten der Ganglienzellen eingenommen. Zwischen den Fortsätzen der Müllerschen Stützzellen sind jedoch noch Hohlräume zu erkennen, in denen lediglich unregelmäßig geformte Membranen enthalten sind.

Alle zur Entwicklung genannten Befunde beziehen sich auf die Gegebenheiten im Augenhintergrund. Mit Ausnahme des ersten untersuchten Stadiums zeigen die Randbezirke der Retina nämlich gegenüber dem zentralen Bereich jeweils leicht zurückhängende Entwicklungszustände.

Besprechung

Durch die Bildung des embryonalen Augenbechers kommt es zur Ausbildung eines äußeren Retinablattes, das sich zum Pigmentepithel (Abb. 1, 6, *Pe*) ausdifferenziert, und eines Innenblattes, aus dem die nervösen und gliösen Anteile der Retina hervorgehen. Aus dem umgebenden mesenchymalen Gewebe entsteht die Chorioidea (Abb. 1, 3, 6, *Ch*) mit dem Tapetum lucidum. Dieses nimmt einen nahezu runden Bezirk im Augenhintergrund ein, der in etwa mit der endgültigen Ausdehnung übereinstimmt. Das Innere des Augenbechers wird eingenommen vom Glaskörper (Abb. 1, 2, 6, *Gl*) und der sich entwickelnden Linse.

Im ersten zur Untersuchung herangezogenen Stadium (20. Tag p.c., Abb. 1, 2) ist das Außenblatt des Augenbechers stellenweise zweischichtig (eine Übergangsphase, auf die schon A. W. Weysse und W. S. Burgess, 1906, hinweisen). Seine Zellen enthalten Melaningranula, an denen die von F. Moyer (1961) und W. Lerche (1962, 1963) beschriebenen unterschiedlichen Entwicklungsstufen zu erkennen sind. Ein morphologisches Substrat in Form von „dense core vesicles" für die nach J. Winckler und H.-B. Turner (1969) an der Melaninbildung beteiligten Katecholamine konnte nicht nachgewiesen werden.

In der weiteren Entwicklung wird das Pigmentepithel wieder einschichtig und dabei flacher; Anzeichen seiner Differenzierung sind in den folgenden Entwicklungsstufen klar abzulesen. Das Auftreten zahlreicher Zellorganellen, insbesondere aber die Gliederung der basalen, von Blutgefäßen unterlagerten Zelloberfläche sind Anzeichen einer hohen Stoffwechselaktivität. Die früh angelegten apikalen Cytoplasmaausfaltungen (Abb. 3, 9, *FP*) legen sich später eng an die sich entwickelnden Receptoraußenglieder an; vermutlich ist dabei schon eine Versorgung dieser Anlagen gegeben. Untereinander sind die Pigmentepithelzellen schon früh durch zonulaartige Verdichtungszonen (Abb. 3, *Zo*) ihrer Oberflächen verbunden. Die von E. Blechschmidt und H. Neumann (1967) beobachtete desmosomale Verbindung mit den Zellen des Retinainnenblattes konnte jedoch nicht nachgewiesen werden.

Das Innenblatt des Augenbechers wird zunächst von einer einheitlichen Zellform gebildet, die in Übereinstimmung mit der allgemeinen Entwicklung des Neuralrohres als Neuroglioblasten (Abb. 1, *N*) oder Germinativzellen (K. Meller, 1968) angesprochen werden kann. Schon im ersten untersuchten Stadium bilden ihre äußeren Anteile durch zonulaförmige Verdichtungen (Abb. 3, *Mle*) untereinander die spätere „Membrana limitans externa" (s. auch W. Lerche, 1963; E. Blechschmidt und H. Neumann, 1967; J. B. Sheffield und D. A. Fishman, 1970).

Von den gleichförmig erscheinenden Perikarya ziehen schmale Cytoplasma, fortsätze nach innen, lassen weite Hohlräume zwischen sich frei (Randschleier-Abb. 1, 2) und bilden durch Verbreiterung die innere Oberfläche der Retina, die schon zu diesem Zeitpunkt von einer feinen Basalmembran, der Membrana limitans interna (Abb. 2, *Mli*) bedeckt wird.

In der Folge setzen sich zunächst die Zellen der Ganglienzell- oder Mantelschicht (Abb. 4—6, *G*) von den gleichförmigen Neuroglioblasten ab. Gleichzeitig ist damit die Bildung der inneren plexiformen Schicht verbunden. In der sog. Innenplatte (eine Bezeichnung, die sich aus der Entwicklung des ZNS herleitet, hier aber irreführend erscheint, da diese Zellschicht durch die Inversion des Auges nach „außen" gelangt) deutet sich eine Unterteilung in innere und äußere Körnerschicht zuerst durch eine Veränderung der Kernform (42. Tag) und durch reichlichere Entwicklung von Zellorganellen in den inneren Zellen (Abb. 4, *K*) an. Zum Zeitpunkt der Geburt wird eine Trennung der beiden Körnerschichten durch das Einsprossen von Capillaren in Höhe der späteren äußeren plexiformen Schicht angezeigt; die Synapsenbildung (Abb. 8) selbst und damit die endgültige Ausdifferenzierung dieser Schicht erfolgt erst postnatal, etwa zur gleichen Zeit wie die Ausdifferenzierung der Receptoren. Hier besteht offenbar ein Unterschied, zu den vergleichbaren Vorgängen bei der Ratte, da sich bei dieser Tierart nach T. A. Weidman und T. Kuwabara (1968, 1969) die äußere plexiforme Schicht einige Zeit vor der inneren differenziert.

Die Müllerschen Stützzellen (Abb. 3, 5, *Mü*) leiten sich in direkter Linie von Neuroglioblasten her, die — entsprechend dem embryonalen Ependym des Neuralrohres — die Retina in ihrer gesamten Breite durchziehend, mit ihren Fortsätzen den Randschleier und die innere Oberfläche des Augenbechers bilden. Die für diese Zellform charakteristische Ausbildung läuft in der Folge nach den von K. Meller und P. Glees (1965) erhobenen Befunden ab. Der Randschleier, ein Hohlraumsystem zwischen den Fortsätzen der Müllerschen Zellen, ist als Leitstruktur für die in Richtung auf den Augenbecherstiel auswachsenden Neuriten der Ganglienzellen aufzufassen. Er bleibt bis nach der Geburt (s. 10. Tag p.p.) teilweise erhalten, was darauf hinweist, daß die Fortsätze aus den randständigen Retinabezirke zu diesem Zeitpunkt noch unvollständig entwickelt sind. Auch hieraus geht hervor, daß die Differenzierung der Retina vom Zentrum zur Peripherie fortschreitet (s. auch M. Clara, 1965).

Die Receptorzellen erreichen dabei als letzte ein funktionsfähiges Stadium. Während 10 Tage nach der Geburt in der inneren plexiformen Schicht bereits ein wohlausgebildetes Synapsensystem vorliegt, ist die Bildung der Synapsen der äußeren plexiformen Schicht erst im Anfangsstadium (Abb. 8). Hierbei entstehen zuerst die komplizierten Zapfensynapsen, die offenbar erst später ihre definitive Lage erreichen, und Stäbchensynapsen an den Perikarya der innersten Zellreihe. Die synaptischen Körper der tiefer liegenden Stäbchen bilden sich anscheinend erst zu einem späteren Zeitpunkt durch Aussprossen der entsprechenden Fortsätze in Richtung auf die plexiforme Schicht. Aufgrund dieser Beobachtungen kann in Übereinstimmung mit K. Meller (1968) die Theorie Sidmans (1961) vom Erhalt von ursprünglich vorhandenen Kontakten innerhalb einer Tochterzellgruppe bezweifelt werden. Offensichtlich müssen solche synaptischen Kontakte erst nach Anlage der Zellschichten und Erreichen eines entsprechenden Differenzierungsgrades der Zellen durch Sprossungsvorgänge neu angelegt werden. Auch die endgültige Ausformung der Receptoren beginnt erst nach der Geburt, obgleich sie in Form einer einfachen, von einer Vacuole umgebenen Cilienvorstufe bereits am 20. Tag der Embryonalentwicklung angelegt werden (s. auch W. Lerche, 1963: W. Lerche und K.-G. Wulle, 1967). Erst nach der Geburt (Abb. 9) ist jedoch das Innenglied mit seiner Ausstattung an Zellorganellen, Neurotubuli und Wurzelfibrillen ausgebildet, während in der Anlage des Außengliedes die ersten Stufen der Bildung von Membranen anlaufen. Dabei bilden sich in dem zunächst wenig strukturierten Cytoplasmatropfen, der an der Spitze des Ciliums hängt (Abb. 9a), unter Einbeziehung tubulöser Elemente dieses Ciliums Bläschen, die sich vergrößern, dabei abflachen und parallel anordnen (Abb. 9b). Die nach K. Tokuyasu und E. Yamada (1959), E. de Robertis (1960), F. S. Sjöstrand (1961) E. Yamada und T. Ishikawa (1965) und anderen Autoren an der Bildung der Membranstapel vorwiegend, nach K. Meller (1968) nur teilweise beteiligten Einfaltungen des Plasmalemms konnten nicht nachgewiesen werden. Nachdem auch T. A. Weidman und T. Kuwabara (1968, 1969) solche Einfaltungen des Plasmalemms nicht immer beobachten, kann angenommen werden, daß dies zumindest nicht der allein übliche Differenzierungsmodus des Außengliedes ist. Es erscheint wahrscheinlicher, daß die später flach ausgebreiteten Membransäckchen sich von intracellulären Vacuolen herleiten, die entweder von den ciliären Tubuli oder aus dem ER stammen. Die Unterschiede in den Membrandicken zwischen Innenmembranen und Plasmalemm, die F. S. Sjöstrand (1961) auf einen Verlust bei der Einfaltung zurückführt, lassen sich wohl eher von einem Vorgang ableiten, bei dem diese gestapelten Membranen von vornherein gemäß ihrer späteren Funktion angelegt werden. Den Befunden von H. B. Parry (1953) ist zu entnehmen, daß die endgültige Differenzierung der Receptoren und der plexiformen Schichten beim Hd. noch längere Zeit in Anspruch nimmt, nachdem ein Pupillarreflex nicht vor 18—20 Tagen p.p. nachzuweisen ist, ein ERG erst nach 6 Wochen p.p. im vollen Umfang gewonnen werden kann. Auch nach G. P. M. Horsten und J. E. Winkelmann sind erste Anzeichen einer Lichtempfindlichkeit nicht vor dem 12.—15. Tag nach der Geburt gegeben.

Aus den Schichtdickenmessungen während der Entwicklung (s. Tabelle 1) läßt sich zunächst eine kontinuierliche Zunahme der Höhe der Retina und ihrer Schichten ablesen. Nach der Geburt erfolgt, offenbar im Zug einer Vergrößerung des ganzen Auges, eine seitliche Streckung und damit eine Abnahme der Retinahöhe.

Die Entwicklung des Tapetum wird in der Zeit um den 40. Tag p.c. durch eine Abflachung und parallele Lagerung mesenchymaler Zellen unter dem Pigmentepithel eingeleitet. Zur selben Zeit treten in diesem Bezirk unpigmentierte Epithelzellen auf. Es erscheint dabei weniger wahrscheinlich, daß diese Zellen etwa bereits angelegter Pigmentgranula sekundär wieder verlustig gingen, als daß im Zuge der nach W. Kolmer (1936) vom Augenbecherrand her fortschreitenden Pigmentierung eine Zone im Augenhintergrund von vornherein nicht pigmentiert wird.

In den Tapetumzellen treten vor der Geburt bereits die Vorstufen der spezifischen Einschlüsse in Form der von E. Yamada (1958) und H. H. Wolff (1968, 1969) bei der Katze beschriebenen gestreiften Fibrillen (Abb. 7) auf. Die Querstreifung verschwindet offenbar durch die nach der Geburt vermehrte Einlagerung von elektronendichtem Material. Es ist allerdings vorläufig unklar, wie es im Verlauf der weiteren Entwicklung zu der beim erwachsenen Tier vorhandenen Struktur der Tapetumstäbchen (s. dort) kommt. Mit Sicherheit hat jedoch die Bildung der Tapetumeinschlüsse nichts mit der Melaningenese in den übrigen Zellen der Chorioidea gemeinsam; die Vorstellungen von M. H. Bernstein und D. C. Pease (1959) über eine Abstammung der Stäbchen von Pigmentgranula bzw. von C. H. Pedler (1963) über ein gemeinsames Ausgangsmaterial sind daher abzulehnen.

IV. Retina

1. Pigmentepithel

Literatur

Über den Bau und die Funktion des Pigmentepithels verschiedener Säugerarten liegen zahlreiche Veröffentlichungen vor (s. J. W. Rohen, 1964). H. Becher (1958) gibt eine erste Übersicht über die Ultrastruktur des menschlichen Pigmentepithels. Er unterscheidet in den Zellen drei Zonen: 1. eine basale, in der zahlreich Mitochondrien liegen; 2. eine mittlere, die den Kern und Pigmentgranula unterschiedlicher Form und Größe enthält; und 3. eine obere Zone, von der unregelmäßige, unterschiedlich breite und hohe Fortsätze ausgehen, welche die Außenglieder der Receptoren umfassen. Neben den Pigmentgranula enthalten die Zellen vielfach Granula, denen der Autor auch aufgrund fluorescenzmikroskopischer Untersuchungen eine wichtige Rolle als Fermentträger zuschreibt. In einer Studie über das Tapetum lucidum der Katze weisen M. H. Bernstein und D. C. Pease (1959) auf basale Einfaltungen der Pigmentepithelzellen hin; im Zusammenhang mit der starken Fensterung des Endothels der unterlagerten Capillaren verweisen die Autoren auf die Ähnlichkeit der baulichen Verhältnisse mit denen des Nierenglomerulum.

J. E. Dowling und I. R. Gibbons (1962) befassen sich in einer Abhandlung über das Pigmentepithel der weißen Ratte insbesondere mit der Funktion zweier Arten von Einschlußkörpern. Die eine gleicht der von Lysosomen anderer Zellarten, die andere besteht vorwiegend aus Komplexen parallel geordneter Membranen. Die Autoren erwägen sowohl die Möglichkeit des Nachschubs von Bauteilen vom Pigmentepithel zu den Außengliedern der Receptoren in Form der geschichteten Körperchen, als auch den umgekehrten Vorgang, d.h. Abbau und Phagocytose von Teilen der Receptorenaußenglieder durch die Epithelzellen. Die apikalen Zellausläufer sind bei der Ratte mit zahlreichen Bläschen und zur Oberfläche hin offenen Tubuli angefüllt.

A. Bairati und N. Orzalesi (1963) finden beim Menschen ebenfalls lamelläre Einschlüsse der von J. E. Dowling und I. R. Gibbons angegebenen Art. Sie neigen zu der Ansicht, daß es sich hierbei um phagocytierte Stücke von Außengliedern handelt, die im Pigmentepithel einem Abbau unterliegen. Zur Klärung dieser Frage tragen vor allem R. W. Young und D. Bok (1969) bei, die durch autoradiographische Verfahren den Nachweis erbringen, daß Pigmentepithelzellen zur Phagocytose von Receptormaterial in der Lage sind. Die Produkte des Abbauvorganges werden als „Phagosomen" bezeichnet.

Die apikalen Zellausläufer werden im allgemeinen als mikrovilliartige Plasmafortsätze („long, slender microvilli on the apical surface"; H. A. Hansson,
1970) beschrieben, die sich zwischen die Receptoraußenglieder einschieben.
W. Kolmer (1936) weist auf eine kegelförmige Anordnung der Pigmentgranula
an den Stellen der Zellen hin, die einem Zapfen gegenüberliegen. Darüber hinaus
teilt D. Eichner (1958) mit, daß sich „die Zapfen gegen das Pigmentepithel hin
in Trichterform öffnen und mit diesem in breiter Form in Berührung treten".
Nach Y. Uyama (1951) werden bei Menschen und Affen die Zapfen von schlauchförmigen Fortsätzen des Pigmentepithels bis zum Beginn des Innengliedes umhüllt. Dadurch werden Austauschvorgänge zwischen Pigmentepithel und Zapfenaußenglied erleichtert. C. E. Dieterich (1968) beobachtet beim Spitzhörnchen
(Tupaia glis) einen Typ von Zapfen, der „von breiten, dicht pigmentierten
büschelartigen Pigmentepithelfortsätzen begrenzt wird".

Leure-Du Prée (1968) beschreibt das Pigmentepithel des Schafes, wobei er
besonders auf die ausgeprägten Einfaltungen an der Zellbasis hinweist. In ihrem
oberen Drittel sind die Zellen durch eine Zonula adhaerens und Desmosomen
miteinander verhaftet. Das Cytoplasma ist mit Schläuchen des agranulären endoplasmatischen Reticulums dicht besetzt, doch findet der Autor beim Schaf
keine sog. Myeloidkörper, die nach K. R. Porter und E. Yamada (1960) beim
Frosch mit dem agranulären ER in enger Verbindung stehen.

M. H. Bernstein (1960) weist solche „myeloid bodies" auch bei der Katze
nach und findet neben ihnen und den spezifischen Melaningranula große, rundliche
Granula, die alle Eigenschaften von Sekretgranula aufweisen. L. Feeney et al.
(1965) untersuchen Pigmentzellen im Auge des Menschen und bemerken neben
altersabhängigen Unterschieden in der Innenstruktur der Melaningranula eine
unterschiedlich starke Einlagerung von Lipofuscinkörnern in den Zellen des
Pigmentepithels. Als Folge von Altersveränderungen sieht M. J. Kaczurowski
(1962) die Zusammenlagerung von Pigmentgranula zu größeren Körpern (bis zu
13 µ Durchmesser).

Nach M. Sebruyns (1951) und M. Sebruyns und A. Lagasse (1951) sind Pig-
mentkörnchen „aus hunderten sehr feinen Mikro-Pigmentkörnchen zusammen-
gesetzt, die von einer sackförmigen Membran umgeben sind". Diese Membran
setzt sich in einem „drahtähnlichen Anhängsel fort". Das „Anhängsel" leitet
sich eventuell von neuroglialen Fibrillen her und ist für die Bewegung der Pigmentgranula verantwortlich.

Die Länge der Pigmentgranula des Hundes wird von Y. Taniguchi (1960)
mit 0,8—2,4 µ, ihr Durchmesser mit 0,3—1,0 µ angegeben. Auch er beobachtet
an den Granula filamentöse Strukturen, die diese untereinander bzw. mit der
Zellmembran verbinden sollen. Eine Bewegung der Körner soll durch Verkürzung
bzw. Streckung dieser Fäden zustande kommen.

C. Binder und E. Orth (1953) lehnen nach ähnlich angelegten Untersuchungen
das Vorkommen von fadenförmigen Fortsätzen an Pigmentgranula ab. Auch
A. Heydenreich (1957) verwirft die Ansicht Sebruyns und leitet die Bewegung
der Granula von der Eigenbewegung kolloidaler Lösungen her. A. C. Shearer
(1969) kann zwar im Rasterelektronenmikroskop an isolierten Pigmentgranula
keine filamentösen Fortsätze darstellen, doch kann es seiner Ansicht nach keinen
Zweifel über ihre Existenz, wohl aber über ihre Funktion geben.

Im nichtpigmentierten Abschnitt des Pigmentepithels (Tapetumbezirk) wollen J. N. Shively et al. (1970) „Prämelanosomen" in geringer Zahl gesehen haben. Eine Beschreibung des Pigmentepithels des Hundes nach lichtmikroskopischen Befunden geben M. O. M. T'so und E. Friedman (1967). Danach sind die Pigmentepithelzellen dieser Tierart vorwiegend einkernig (3% zweikernige) und mit hervortretenden basophilen Körpern ausgestattet. Auffällig sind beträchtliche Unterschiede der Zellgröße.

Die Funktion des Pigmentepithels wird neben der lichtabsorbierenden Wirkung seiner spezifischen Granula vor allem in der Ernährungsfunktion für die Lichtreceptoren gesehen (s. Y. Koyanagi, 1940; D. Eichner, 1958, 1959 u.a.). J. E. Dowling (1960) weist dem Pigmentepithel daneben eine entscheidende Rolle bei der Adaptation des Auges zu. Er stellt fest, daß die Masse des während der Helladaptation aus dem Retinen gebildete Vitamin A rasch in das Pigmentepithel wandert. Nach 60 min dauernder Helladaptation werden 75—80% des gesamten im Auge vorhandenen Vitamin A im Pigmentepithel gefunden, hauptsächlich als Vitamin A-Ester. Während der Dunkeladaptation kehrt mit Einsetzen der Regeneration des Rhodopsin das Vitamin A aus dem Pigmentepithel in die Retina zurück. Im völlig dunkeladaptierten Zustand enthält das Pigmentepithel keine erkennbaren Spuren von Vitamin A. Zu einem ähnlichen Ergebnis kommen A. Grignolo et al. (1966), die nach Zerstörung des Pigmentepithels eine Auflösung der Receptoren feststellen. Sie nehmen an, daß wichtige Prozesse im Rhodopsincyclus, besonders die Isomerisation von Vitamin A und Retinen, nur im Pigmentepithel erfolgen können.

Befunde

Das Pigmentepithel ist in der Pars optica retinae als einschichtige Zellage zwischen die Chorioidea und die Receptoren der Retina eingelagert. Bei Tieren, die wie der Hund ein Tapetum lucidum besitzen, ist das „Pigmentepithel" dieser Zone pigmentlos.

An lichtmikroskopischen Meridionalschnitten durch die Retina stellen sich die Pigmentepithelzellen als flache Zellen dar, deren locker strukturierter Kern häufig exzentrisch gelagert ist. Die Breite der Zellen schwankt um 15 µ, die Höhe um 8—10 µ, der Kern hat einen Durchmesser um 5 µ. Die Basis der Zellen wird häufig, besonders im Bereich des Tapetum, von den unterlagerten Capillaren eingebuchtet (Abb. 13); sie zeigen in ihrem Cytoplasma an dieser Stelle große Vacuolen. An Tangentialschnitten wird deutlich, daß jede Epithelzelle an mindestens einer Fläche von einem Gefäß des Capillarnetzes der Choriocapillaris berührt wird. Liegt der Schnitt in Kernhöhe, erweisen sich die zunächst unregelmäßig in der Zelle verteilt erscheinenden spindelförmigen Pigmentgranula häufig als radiär zum Kern angeordnet. Im Tapetumbereich treten große, rundliche Granula im Cytoplasma verstreut auf. An Schnitten durch den apikalen Bereich der Zellen treten die Zellgrenzen als kräftig gefärbtes, fünf- oder sechseckiges Muster mit gerade verlaufenden Kanten hervor. In dieser Höhe erscheinen auch die quer getroffenen Spitzen der Receptoren als runde, dunkle Einschlüsse.

Strukturelle Einzelheiten, die im lichtmikroskopischen Präparat von den oft dicht gedrängten Pigmentgranula überlagert sind, werden im elektronenmikroskopischen Bild deutlich.

Nach außen wird das Pigmentepithel von einer ca. 0,15 µ starken Basalmembran (Abb. 10, 12, *B*) unterlagert. Zwischen ihr und den Zellen der Chorioidea treten spärlich kollagene und elastische Fasern (Abb. 10—12, *kF*) auf. In Bezirken, in denen Gefäße der Choriocapillaris unter das Pigmentepithel treten, sind nur noch gelegentlich Fibrillen zu beobachten. Streckenweise ist hier die Basalmembran vom Capillargrundhäutchen (Abb. 11, 12, *CG*) nur durch einen schmalen Spalt (0,1 µ) getrennt. Das Endothel der Capillaren (*C*) erscheint stark gefenstert. Gelegentlich ist zu beobachten, daß Capillaren in gleicher Höhe mit den basalen Abschnitten der Pigmentzellen verlaufen (Abb. 12). Die Basalmembran des Pigmentepithels zieht über die aufgewölbten Capillaren hinweg und vereinigt sich an der Kontaktfläche mit dem Gefäßgrundhäutchen. Die beiden Membranen erreichen zusammen eine Stärke von etwa 0,2 µ.

Die Basis der Pigmentepithelzellen zeigt, besonders im Bereich von Capillaren, tiefe Einfaltungen (Abb. 10, 12, *E*), die sich zum Zellinnern hin blasig erweitern. Dadurch entsteht der Eindruck, als sitze die Zelle mit zahlreichen, basal breiter werdenden Füßchen auf der Basalmembran auf. In den zwischen den „Füßchen" gelegenen Einstülpungen sind häufig unregelmäßig geformte elektronendichte Membranknäuel (*My*) enthalten. Basal des Kernes werden die Einfaltungen meist flacher. Gelegentlich verstreichen sie auch ganz.

Der Zellkern (*N*) liegt meist in der basalen Hälfte der Zelle. Er ist rundlichoval mit flachen Einziehungen und zeigt regelmäßig einen Nucleolus. Der überwiegende Teil des Cytoplasmas wird von dicht aneinandergelagerten, länglichen oder ovalen Schläuchen eingenommen, die als agranuläres endoplasmatisches Reticulum (*aER*) angesprochen werden können. Granuliertes endoplasmatisches Reticulum (*ER*) befindet sich, einzeln oder in paralleler Anordnung zusammengelagert, vorwiegend im apikalen Zellabschnitt. Mitochondrien (*M*) treten in geringer Zahl über die gesamte Zelle verteilt auf. Ein Golgi-Feld (*G*) von geringer Ausdehnung ist regelmäßig zu beobachten.

Zumeist in der apikalen Zellhälfte, gelegentlich aber auch nahe der Basis, sind in den Abschnitten des Pigmentepithels, die außerhalb des Tapetumbezirks gelegen sind, in unregelmäßiger Verteilung Melaningranula eingelagert (*P*). (Die Unregelmäßigkeit der Verteilung scheint von der Schnittführung im elektronenmikroskopischen Präparat abhängig zu sein.) Ihre Länge liegt bei 3—4 µ, ihr Durchmesser bei 1,5—2,5 µ. Sie bestehen aus einer sehr elektronendichten Masse, die häufig von einem weniger dichten, granulierten Plasmasaum umgeben ist. Zuweilen läßt die Außenzone des elektronendichten Anteils punktförmige Aufhellungen erkennen. Vorwiegend in Zellabschnitten, die nur spärlich spezifische Granula enthalten, treten zahlreiche kleinere, runde oder hantelförmige Einschlüsse auf (Durchmesser 0,2—0,4 µ), die aus einem mäßig elektronendichten Material bestehen (*Ly*). Sie sind von einer einfachen Membran begrenzt und als Lysosomen zu deuten. Im apikalen Abschnitt der Zellen sind häufig Einschlußkörper (Abb. 10, 12, *Ph*) von meist viereckiger Form und mit einer Innenstruktur zu beobachten, die dem Aufbau der Stäbchenaußenglieder entspricht. Sie unterscheiden sich von diesen jedoch durch eine etwas höhere Elektronendichte. Die Einschlußkörper liegen offenbar frei im Cytoplasma der Pigmentepithelzellen; sie lassen unabhängig von der Schnittführung niemals einen Zusammenhang mit den Außengliedern der Stäbchen erkennen.

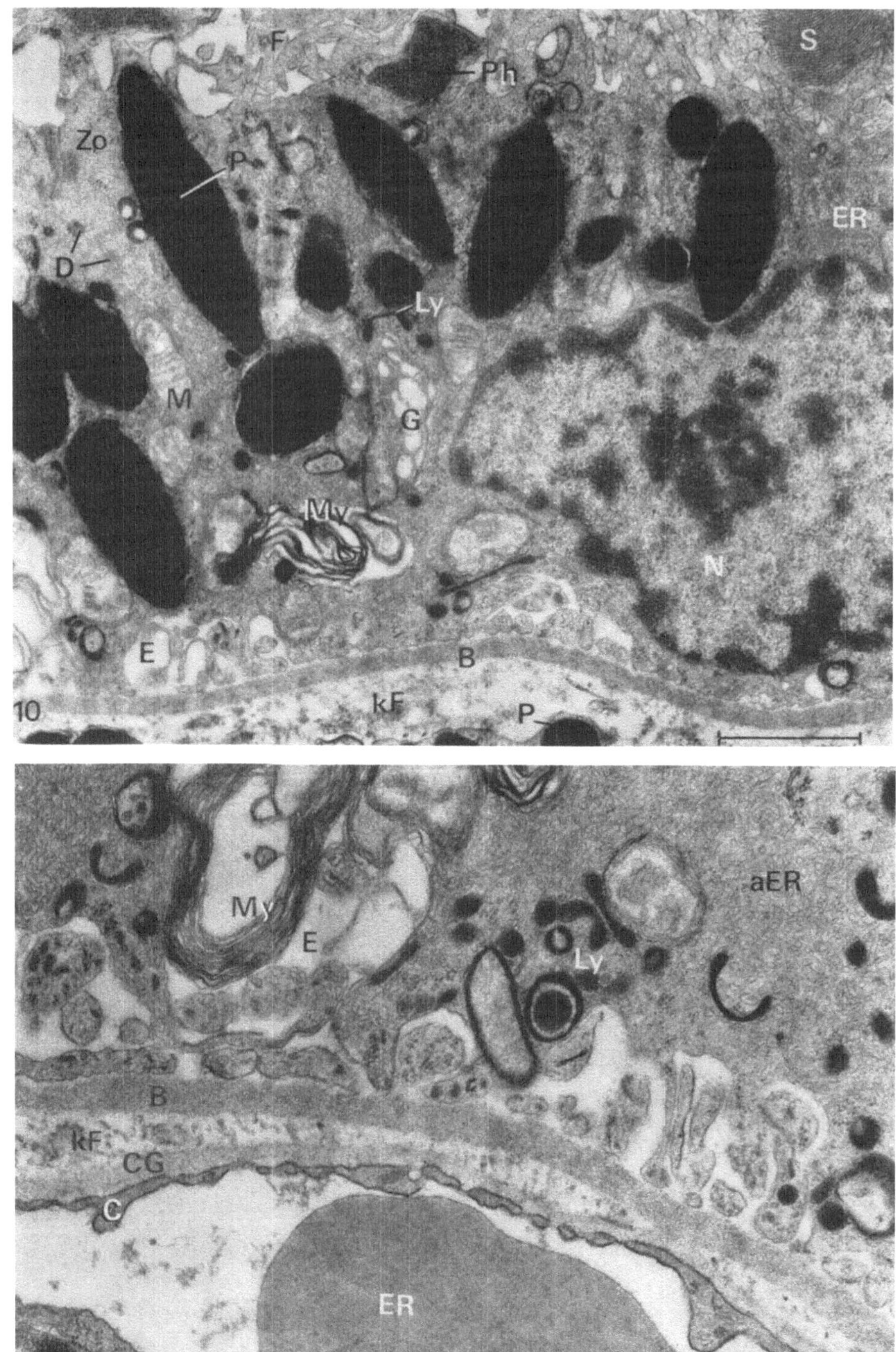

Abb. 10 u. 11

Die seitlichen Zellgrenzen verlaufen leicht geschlängelt. Im apikalen Abschnitt ist auf eine Strecke von 0,6 µ das Plasma nahe dem Plasmalemm verdichtet (*Zo*) und enthält Tonofilamente. Zwei bis vier schmalere Verdichtungen (Breite 0,1 µ) folgen in Richtung auf die Zellbasis. Sie reichen jedoch nicht in das basale Drittel der Zellen (*D*). In diesen Zonen halten die Zellmembranen einen Abstand von ca. 200 Å ein. An Flachschnitten (tangential zum Bulbus geführte Schnittrichtung), die in dieser Höhe durch die Zellen geführt sind, wird deutlich, daß es sich bei der am weitesten apikal gelegenen Verdichtungszone um eine die ganze Zelle umgreifende Struktur handelt. Die Zellen sind auf dieser Strecke leicht gegeneinander verfaltet. Im Verlauf der so entstandenen welligen Oberflächenkontur weist der Intercellularspalt eine Weite von ca. 200 Å auf. Insgesamt zeigen die aneinanderliegenden Zelloberflächen in dieser Höhe einen geraden Verlauf; die Zellen fügen sich dabei in einem unregelmäßigen Wabenmuster aneinander, das fünf- oder auch sechseckige Umrisse erkennen läßt. Die erwähnten Tonofilamente verlaufen vorwiegend parallel zur Zelloberfläche und stets in Höhe der genannten Verdichtungszone. Sie bilden damit eine gürtelförmige Struktur, die sich der polygonalen Form der Zellen anpaßt.

Die apikale Zelloberfläche weist tiefe Einstülpungen auf. Sie sind bedingt durch das Einsenken des äußeren Teils der Stäbchenaußenglieder (*S*). Zungenförmige Zellausläufer schieben sich zudem zwischen die Außenglieder ein. Die Mehrzahl der Receptoren wird dabei auf einer Strecke von 1—3 µ von einer solchen flachen Cytoplasmalage begleitet, die sich eng an die Außenmembran der Außenglieder anlegt. Anderen Receptoren, die aufgrund ihres charakteristisch geformten Innengliedes als Zapfen angesprochen werden können (s. S. 44), schickt das Pigmentepithel geschichtete Cytoplasmafortsätze entgegen, die den Receptor bis zum Übergang in das Innenglied umgreifen (Abb. 18). Besonders an Flachschnittserien wird deutlich, daß das Außenglied an seinem inneren Abschnitt zunächst von einer Plasmalage umgeben ist, die vom Pigmentepithel stammt. Zur Spitze des Receptors hin nimmt die Zahl der Plasmaschichten zu und kann bis zu 5 Lagen anwachsen. Die einzelnen Ausläufer umgeben dabei meist nicht den gesamten Umfang des Receptors, sondern sind zwiebelschalenartig übereinandergeschoben. Unterhalb der Receptorspitze lagern sich die Plasmaausläufer parallel aneinander. Die Ursprungsstelle der Ausläufer in Nähe der Zelloberfläche ist meist reich an Zellorganellen. So können in diesem Bereich mit großer Regelmäßigkeit Centriolen (*Z*), ein Golgi-Feld und Lysosomen beobachtet werden. Das Cytoplasma der Fortsätze selbst dagegen ist frei von Zellorganellen oder Granula; kleine Bläschen treten gelegentlich auf.

Abb. 10. Pigmentepithelzelle, pigmentierter Abschnitt. Vergr. 19000×

Abb. 11. Pigmentepithelzelle, basaler Teil mit unterlagerter Capillare. Vergr. 29000×

Erklärung zu den Abb. 10—12: *B* Basalmembran, *C* Capillarendothel, *CG* Capillargrundhäutchen, *Ce* Centriol, *D* Desmosomen, *E* basale Einstülpungen, *ER* granuliertes endoplasmatisches Reticulum, *aER* agranuläres endoplasmatisches Reticulum, *ER* Erythrocyt (Abb. 11), *F* Zellfortsätze an Stäbchenaußengliedern (*S*), *FZ* geschichtete Zellfortsätze an Zapfenaußengliedern (*Z*), *G* Golgi-Apparat, *kF* kollagene Fibrillen, *Ly* Lysosomen, *M* Mitochondrien, *My* Myelinfiguren, *N* Zellkern, *P* Pigmentgranula, *Ph* Phagosomen, *T* Tonofilamente, *Zo* Zonula adhaerens.

Im Bereich des Tapetum lucidum weist das Pigmentepithel einige bauliche Besonderheiten auf (Abb. 13). Es liegt hier der eben verlaufenden inneren Oberfläche der Tapetumzellen an. Unter der in diesem Abschnitt etwa 500 Å starken Basalmembran (*B*) sind Bindegewebsfibrillen in sehr unterschiedlicher Menge eingelagert. Die Gefäße der Choriocapillaris, die zwischen den Tapetumzellen hindurch an das Pigmentepithel herantreten, verlaufen hier meist über dem Niveau der Epithelzellbasis. Die Basalmembran des Epithels und das Gefäßgrundhäutchen verhalten sich dabei genau wie in den vergleichbaren Fällen im pigmentierten Abschnitt.

Basale Einfaltungen der Epithelzellen (*E*) sind im wesentlichen auf die Bezirke über den Capillaren beschränkt. Die blasenartigen Erweiterungen sind bis zu 2 μ breit und erscheinen zuweilen gekammert. Membranknäuel oder dichte Membranen (*My*), die dem Plasmalemm streckenweise direkt anliegen, werden in den erweiterten Räumen häufig beobachtet.

Kernform und -größe sowie die Ausstattung mit Zellorganellen entsprechen der Beschreibung der pigmenthaltigen Zellen. Die oben beschriebenen kleinen, oft hantelförmigen Lysosomen sind hier ebenfalls häufig vorhanden. Daneben liegen vor allem im apikalen Abschnitt, gelegentlich auch nahe der Zellbasis, größere, vorwiegend runde Lysosomen (Durchmesser 2,0—2,5 μ).

Besprechung

Das Pigmentepithel hat neben der — durch die Einlagerung von Pigmentgranula augenfälligen — Funktion der Lichtabsorption eine wichtige Aufgabe im Stoffaustausch zwischen den Gefäßen der Choriocapillaris und den Außengliedern der Receptoren, die mit den Innengliedern und damit mit dem Zelleib der äußeren Körnerzellen lediglich über eine modifizierte Kinocilie in Verbindung stehen (s.u.). Da im Tapetumbereich der Hunderetina die Pigmenteinlagerung fehlt und damit die erstgenannte Funktion entfällt, erscheint das Pigmentepithel dieser Tierart für vergleichende funktionelle Betrachtungen besonders geeignet.

Auf einen umfangreichen Stofftransport deuten das stark gefensterte Gefäßendothel (Abb. 10, 12, *C*) und die Ausbildung der Basalmembran (*B*) hin. Im pigmentfreien und häufig auch im pigmenthaltigen Abschnitt verschmelzen Basalmembran und Gefäßgrundhäutchen (Abb. 12). Die Verlagerung der Blutgefäße in die Höhe des Pigmentepithels kann zum einen als Zeichen einer erfolgten Anpassung an einen vermehrten Stoffaustausch im Sinne einer Vergrößerung der in Berührung stehenden Oberflächen gesehen werden; vermutlich weichen die Capillaren im pigmentfreien Abschnitt aber auch den wegen der Einlagerung von anorganischem Material (Abb. 27) sehr starren Tapetumzellen in Richtung auf das Pigmentepithel hin aus und schieben sich damit zwischen dessen Zellen ein.

Die lichtmikroskopisch als Vacuolen sichtbaren basalen Einfaltungen der Pigmentepithelzellen (*E*), die beim Hund vor allem im Bereich der Capillaren ausgeprägt erscheinen, dienen mit der hier erreichten Vergrößerung der Zelloberfläche sicherlich einem raschen Durchgang der von den Capillaren abgegebenen Stoffe. Die basale Gliederung der Zellen erreicht beim Hund bei weitem nicht den Grad, wie er z.B. beim Schaf von A. Leure-Du Prée (1968) beschrieben wird; er ist jedoch vergleichbar mit den von M. H. Bernstein und D. C. Pease (1959) bei der Katze vorgefundenen Verhältnissen.

Einen weiteren Anhaltspunkt für die hohe Stoffwechselaktivität der Zellen bietet die von mehreren Untersuchern festgestellte Ausdehnung des agranulären ER (*aER*), das mit Ausnahme der Zellfortsätze nahezu das gesamte Cytoplasma ausfüllt. Auch andere Zellorganellen, wie Mitochondrien (*M*), Golgi-Apparat (*G*) und granuliertes ER (*ER*) scheinen in dieser Hinsicht eine wichtige Rolle zu spielen. Ein Vorkommen von Mitochondrien vorwiegend in den basalen Abschnitten der Zellen, wie es von H. Becher (1958) beschrieben wird, oder die von J. E. Dowling und I. R. Gibbons (1962) beobachtete Ansammlung von Mitochondrien in den Randbezirken der Zelle, ist beim Hund nicht gegeben. Auch die in der Literatur häufig als Mikrovilli angesprochenen apikalen Zellfortsätze (*F*, *FZ*) stehen offenbar im Dienst der Versorgung der Receptoren. An Flachschnitten und den von H.-A. Hansson (1970) mit Hilfe der Rasterelektronenmikroskopie gewonnenen Bildern von der inneren Oberfläche des Pigmentepithels der Ratte, ist klar zu erkennen, daß es sich hier nicht um drehrunde Zotten, sondern in allen Fällen um platte, meist schalenförmig gebogene Zellfortsätze handelt, die sich den Außenmembranen der Receptoren dicht anlegen. Sie begleiten die Stäbchenaußenglieder (*S*), deren Spitzen noch in die Pigmentepithelzelle eingesenkt sind, nur eine kurze Strecke und nur als einfache Cytoplasmalage (*F*). Den Zapfenaußengliedern (*Z*), deren Spitzen in der Regel das Pigmentepithel nicht erreichen, schickt dieses eine mehrschichtige Hüllstruktur entgegen (*FZ*), deren äußere Lage das Außenglied bis zum Übergang in das Innenglied begleitet.

Die Beobachtung von W. Kolmer (1936), wonach sich an gut erhaltenen Augen (bei Menschen und Halbaffen) eine kegelförmige Anordnung von Pigmentgranula gegenüber von Zapfenaußengliedern findet und die von Y. Uyama (1951) bei Menschen und Affen, und von C. E. Dieterich (1968) beim Spitzhörnchen gefundenen schlauchförmigen bzw. büschelartigen Pigmentfortsätze könnten das lichtmikroskopisch erkennbare Äquivalent dieser Bildung sein. Dagegen ist der von D. Eichner (1958) erhobene Befund des Eindringens von Pigmentgranula in die Spitze von trichterförmig ausgebildeten Zapfenaußengliedern wohl auf einen Artefakt zurückzuführen. Die Bedeutung der an der Basis der geschichteten Plasmafortsätze eingelagerten Centriolen kann in Zusammenhang mit den Befunden von E. Blechschmidt und H. Neumann (1967) gesehen werden, die an menschlichen Embryonen ein Cilienwachstum auch im Pigmentepithel, und zwar in der Nachbarschaft von Centriolen, beobachtet haben. Es ist nicht auszuschließen, daß die geschilderten Ausfaltungen der Zelloberfläche unter dem Einfluß der Centriolen entstehen und auch beim erwachsenen Tier mit ihnen in einem funktionellen Zusammenhang stehen. Offene Tubuli, wie sie von J. E. Dowling und I. R. Gibbons (1962) bei der Ratte beobachtet wurden, sind beim Hund in den Fortsätzen nicht ausgebildet. Eine Einwanderung von Pigmentgranula (*P*) im Sinne einer Retinomotorik kann allein von der Betrachtung der Größenverhältnisse her ausgeschlossen werden. Der Durchmesser der Melaninkörner ist mit 1,5—2,5 μ um ein Vielfaches größer als die Dicke der apikalen Zellausläufer (0,1—0,3 μ). Die Abmessungen der Pigmentgranula liegen in den hier untersuchten Fällen etwas über den Größenangaben von Y. Taniguchi (1960). Die von diesem Autor und von M. Sebruyns (1951) und M. Sebruyns und A. Lagasse (1951) an ausgelösten Melaningranula beobachteten Filamente konnten in Schnittpräpa-

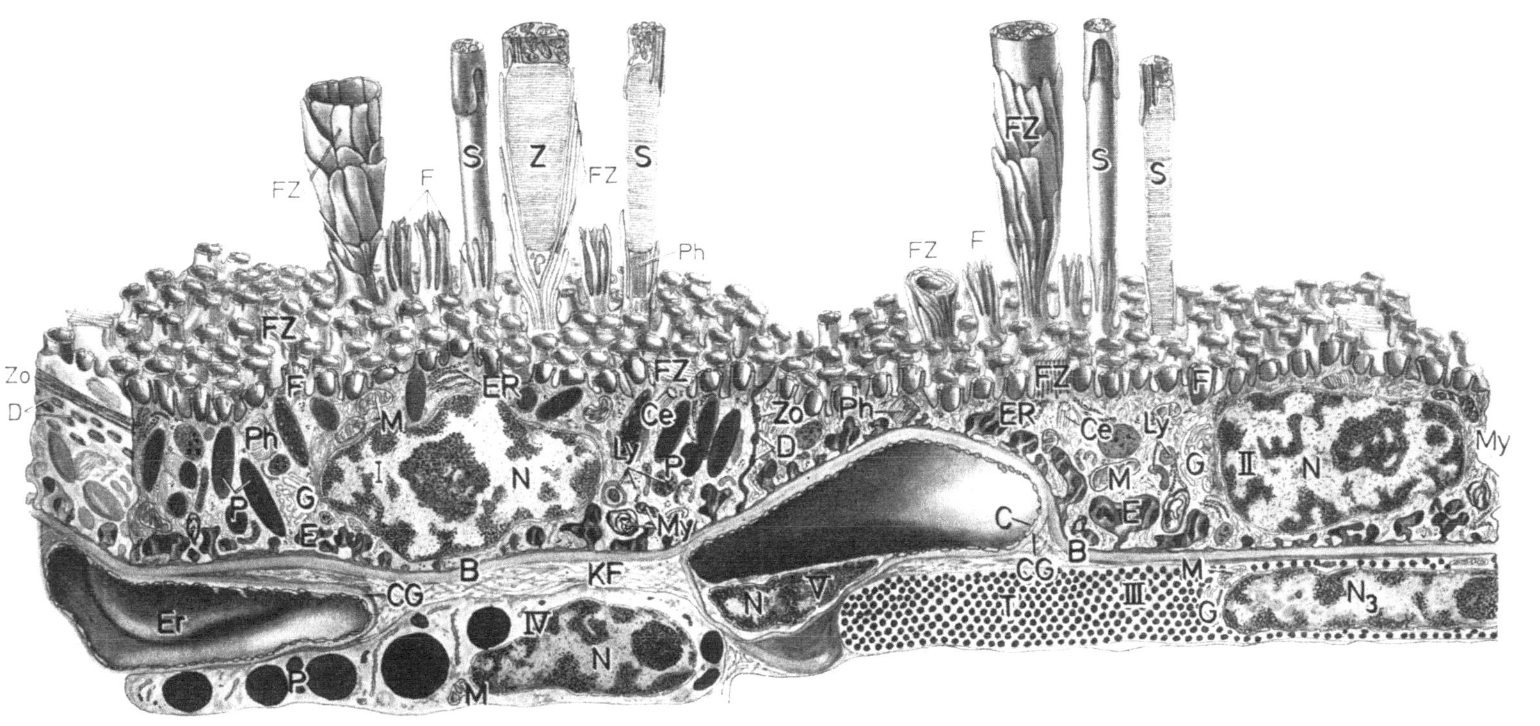

Abb. 12. Pigmentepithel, räumliches Schema. *I* Pigmentepithelzelle aus dem pigmentierten Abschnitt, *II* aus dem Tapetumbereich, *III* Tapetumzelle mit quergeschnittenen stäbchenförmigen Einlagerungen (*T*), *IV* Melanocyt aus der Chorioidea, *V* Capillarendothelzelle. (Die apikalen Ausläufer der Pigmentepithelzellen sind aus Gründen der Übersichtlichkeit zum größten Teil abgeschnitten!) Zeichnung B. Ruppel

raten nicht nachgewiesen werden. Eine Eigenbeweglichkeit der Körner ist demnach und nach den Untersuchungen von C. Binder und E. Orth (1953), A. Heydenreich (1957) und A. C. Shearer (1969) wohl nicht gegeben.

Die Innenstruktur der Melanosomen ist nicht einheitlich, was nach L. Feeney et al. (1965) auf altersbedingte Unterschiede zurückzuführen ist. Die von L. Feeney et al. im Pigmentepithel des Menschen beobachteten Lipofuscingranula oder die von M. J. Kaczurowski (1962) ebenfalls beim Menschen als Alterserscheinung beschriebenen großen Pigmentkörper treten beim Hund in keiner der untersuchten Altersstufen auf.

Die von J. N. Shively et al. (1970) im nichtpigmentierten Abschnitt des Pigmentepithels beschriebenen „Prämelanosomen" sind vermutlich mit Lysosomen identisch; eine Umwandlung in Pigmentgranula, die eine solche Bezeichnung voraussetzt, dürfte nicht gegeben sein.

Die seitliche Verbindung der Pigmentepithelzellen ist ähnlich konstruiert wie bei anderen einschichtigen Epithelien. Im oberen Bereich verschließt eine Zonula den Intercellularspalt. Der Abstand benachbarter Zelloberflächen liegt in der Verdichtungszone bei 200 Å; sie kann daher als Zonula adhaerens angesprochen werden. Die Zonula steht in Verbindung mit Tonofilamenten, die vorwiegend parallel zur Zelloberfläche verlaufen. Eine Zonula occludens fehlt. In Richtung auf die Zellbasis folgen regelmäßig einige weitere Haftorganellen, die als Desmosomen (Macula adhaerens) ausgebildet sind. So entsteht, abgesehen vom Fehlen einer Zonula occludens, das Bild eines „Haftkomplexes" (junctional complex), wie es in einschichtigen Epithelien z. B. innerer Körperoberflächen anzutreffen ist (M. G. Farquhar und G. E. Palade, 1963). Dieser Befund entspricht weitgehend den von A. Leure-Du Prée (1968) beim Schaf beobachteten Verhältnissen.

Die in den apikalen Zellabschnitten auftretenden lamellierten Einschlüsse (*Ph*) sind in ihrer Struktur mit den Receptoraußengliedern identisch. Ihre Form und Lage weisen darauf hin, daß es sich dabei nicht um angeschnittene Teile intakter Receptorspitzen, sondern um phagocytierte Bruchstücke handelt. Diese Vermutung wird von J. E. Dowling und I. R. Gibbons (1962) und A. Bairati und N. Orzalesi (1963) bereits geäußert, von R. W. Young und D. Bok (1969) bestätigt. Die in den Zellen aufgenommenen Phagosomen (*Ph*) werden vermutlich unter dem Einfluß der zahlreich vorhandenen Lysosomen (*Ly*) abgebaut, ihre Struktur wird somit schrittweise unregelmäßiger. So ist eventuell auch die Vielfältigkeit der Einschlußkörper zu erklären, die auch von anderen Autoren (H. Becher, 1958; M. H. Bernstein, 1960) beobachtet wird. Vermutlich sind auch die in den basalen Einfaltungen und deren Nähe häufig anzutreffenden Myelinfiguren (*My*) als Abbauprodukte dieser Phagosomen anzusehen. Aufgrund der vorausgegangenen Betrachtungen und unter Berücksichtigung der im Schrifttum vertretenen Meinungen müssen dem Pigmentepithel drei spezifische Funktionen zugeschrieben werden: 1. Vermittlung von Stoffen an die Receptoraußenglieder; dabei findet offensichtlich nicht nur ein Durchschleusen von Stoffen statt, sondern — darauf läßt die Ausdehnung des agranulären ER und die Ausstattung mit anderen Zellorganellen schließen — es laufen hier Um- und Aufbauvorgänge ab, die für den Sehvorgang von großer Bedeutung sind (Y. Koyanagi, 1940; D. Eichner, 1958; J. E. Dowling, 1960; A. Grignolo u.a., 1966). 2. Bruchstücke der sich ständig erneuernden Stäbchenaußenglieder werden als Phagosomen in das Cytoplasma aufgenommen und abgebaut (J. E. Dowling und I. R. Gibbons, 1962; A. Bairati und N. Orzalesi, 1963; R. W. Young und D. Bok, 1969). 3. Eine nur untergeordnete Rolle dürfte die Lichtabsorption spielen. Die Funktionsfähigkeit der Receptoren im Bereich der pigmentfreien Zone (Tapetum) ist ganz offensichtlich nicht gestört, zumal auch die Area centralis in den Tapetumbereich fällt (s.u.). Die diesbezügliche Rolle des Pigmentepithels wird hier vermutlich von den Melanophoren der Chorioidea übernommen. Eine Retinomotorik im Sinne einer Bewegung von Pigmentkörnern zwischen den Receptoraußengliedern ist nicht gegeben.

2. Nervöser Teil der Retina

Literatur

Die Literatur über die Retina — insbesondere aus dem lichtmikroskopischen Bereich — ist außerordentlich umfangreich und soll deshalb im Rahmen dieser Arbeit nur in knapper Form besprochen werden. Es sei hier auf entsprechende Handbuch- und andere umfangreiche Beiträge verwiesen (H. Autrum, 1952: D. Eichner, 1958; J. W. Rohen, 1964).

J. Zürn (1902) beschreibt die Lage der Area centralis des Hundes und weist darauf hin, daß sie „in ihrem Bau der Fovea centralis des Menschen am nächsten steht". In der Mitte der runden Area findet er bei einigen Rassen eine Stelle, in der die Ganglienzellen vermehrt sind und in der nur Zapfen vorkommen. Es besteht hier eine Fovea externa, d.h. eine Einbuchtung der äußeren Retinaschichten.

E. Menner (1939) vergleicht entsprechende Retinastellen etwa gleich großer wildlebender und domestizierter Caniden und schließt aus Unterschieden in der Zusammensetzung der Schichten auf eine Zunahme der Assoziations- und eine Abnahme der Projektionszentren während der Domestikation. R. Brückner (1961), der wie Zürn eine Fovea externa beobachtet, vertritt die Ansicht, daß das funktionelle Problem der Fovea nicht einseitig vom Vorstellungskreis der Sehschärfe her, sondern von ihrem Beitrag zur präzisen Lokalisation des Zielobjektes in Relation zum Subjekt und seinen Bewegungen gesehen werden muß. H. B. Parry (1963) bestreitet dagegen das Vorkommen einer Area centralis und stellt eine völlige Übereinstimmung im Bau der Retina innerhalb der Carnivoren fest. Insbesondere sind Unterschiede zwischen Rassen, die vorzugsweise mit Hilfe des Geruchssinnes und solchen, die vorwiegend mit dem Auge jagen, nicht erkennbar.

M. Wyman und E. F. Donovan (1965) beobachteten nasal der Papilla optica einen Bezirk, der relativ gefäßarm ist. Sie halten eine Analogie mit der Macula des Menschen für möglich.

Elektronenmikroskopische Untersuchungen wurden bisher — mit wenigen Ausnahmen — an der Retina des Hundes nicht durchgeführt. Die im folgenden genannten Angaben beziehen sich deshalb meist auf andere Species.

F. S. Sjöstrand (1949, 1953, 1961) beschreibt den Aufbau der Außenglieder aus Stapeln flacher Membransäckchen und zeigt den Feinbau der beteiligten Membranen auf. Mehrere Untersucher kommen in der Folge bei verschiedenen Arten zu einer ähnlichen Auffassung vom Bau der Außenglieder (A. I. Cohen, 1960, 1961, 1965, 1968; E. de Robertis, 1956, 1965; E. de Robertis und A. Lasansky, 1961; W. A. Lieb und H. Knauf, 1964, u.a.), wobei sich Unterschiede im wesentlichen nur bezüglich der Membrandicken bzw. -abstände ergeben. H.-A. Hansson (1970) schildert die Receptoren nach Beobachtungen mit dem Rasterelektronenmikroskop als langgestreckte schlauchförmige Gebilde mit leicht gewellter Oberfläche. Auffällig ist die Menge der intercellulären Substanz im Bereich zwischen den Receptoren.

Nach F. S. Sjöstrand (1953) und E. de Robertis (1956) enthält das Verbindungscilium („connecting cilium") 9 Filamentenpaare, die mit einem Basalkörper („basal body") in Verbindung stehen und weit in das Außenglied hineinreichen. T. Kuwabara (1965) beobachtet eine tubulöse Innenstruktur der Cilien. W. A. Lieb und H. Knauf (1964) schließen aus dem Fehlen zentraler Fibrillen auf eine Bewegungsunfähigkeit des Ciliums und sehen dessen Rolle, wie auch andere Autoren, in der Erregungsleitung. R. W. Young (1969), R. W. Young und D. Bok (1969) schreiben ihnen darüber hinaus eine wichtige Funktion beim Transport von Stoffen aus dem Innen- in das Außenglied zu, die bei der ständig ablaufenden Erneuerung der Außengliedmembranen nötig sind. Diese Neubildung läuft nach Ansicht von A. Bairati und N. Orzalesi (1963) unter Beteiligung der in diesem Bereich in größerer Menge vorhandenen tubulösen und vesiculären Strukturen ab.

Das Innenglied enthält nach übereinstimmender Meinung aller Autoren zahlreiche Mitochondrien, tubulöse und fibrilläre Strukturen, einen umfangreichen Golgi-Komplex und granuliertes ER (H. Becher, 1958; E. de Robertis und A. Lasansky, 1958; M. H. Bernstein, 1960; H. Klug und P. Lommatzsch, 1967). Nach J. N. Shively et al. (1970) ist die beim Hund gegenüber anderen Species (z. B. Schwein) kleine Zahl von Mitochondrien im sog. Ellipsoid als Ausdruck für eine geringere Bedeutung der Zapfenfunktion zu werten. C. E. Dieterich und J. W. Rohen (1970) weisen auch im Innenglied der Zapfen Wurzelfibrillen nach, die jedoch eine andere Querstreifungsperiodik haben als die der Stäbchen.

Über den Aufbau der Stäbchensynapsen wurde eine Reihe von Untersuchungen angestellt (F. S. Sjöstrand, 1953, 1954, 1958, 1961, 1965; E. de Robertis und C. M. Franchi, 1956; A. J. Ladmann, 1958; W. Lieb und H. Knauf, 1964), die zwar strukturelle Einzelheiten (Auftreten von Synapsenbläschen und eines hufeisenförmig gebogenen Synapsenbandes, dem eine bogenförmige Kappe [„arciform density"] vorgelagert ist) klären, jedoch kaum Aufschluß über die Zuordnung der an der Synapsenbildung beteiligten Fortsätze geben. Lediglich die von Sjöstrand als „synaptic vacuoles" angesprochenen Anteile wurden von W. K. Stell (1965a) als Ausläufer von Horizontalzellen festgelegt. In den kompliziert gebauten Zapfensynapsen beschreiben L. Missotten (1965) und J. E. Dowling und B. B. Boycott (1967) eine stets wiederkehrende Form des synaptischen Kontakts als „Triade". Mit einer lückenlosen Schnittserie durch einen solchen Synapsenkörper können C. H. Pedler und R. Tilly (1965) 77 postsynaptische Fortsätze nachweisen, jedoch keinen bis zur Ursprungszelle hin verfolgen. C. H. Pedler (1965) führt aus morphologischen und funktionellen Gründen eine Einteilung in drei Receptortypen ein, von denen zwei den herkömmlichen Stäbchen bzw. Zapfen entsprechen, während der dritte, der nur im Foveabereich vorkommt, ein stäbchenartiges Außenglied besitzt, wobei die übrige Form den Zapfen gleicht. C. E. Dieterich (1968) und C. E. Dieterich und J. W. Rohen (1970) bestätigen diese Befunde und zeigen eine Reihe von Struktureigentümlichkeiten der verschiedenen Receptortypen auf (gewellte Filamente, Pinocytosebläschen, Granulakomplexe, „coated vesicles"). Kristalline Einlagerungen in Receptorsynapsen, die auch von anderen Autoren (C. H. Pedler und R. Tilly, 1965; M. Radnot und B. Lovas, 1967; M. Radnot, B. Lovas und E. Trux, 1967, bei Rhesusaffen und Mensch; R. Hebel, 1970, beim Hund) beschrieben werden, halten Dieterich und Rohen für altersbedingte Einlagerungen. Im Endknöpfchen von Stäbchen beobachtet E. M. Evans (1966) parallel angeordnete „Finger" aus einem elektronendichten Material, die von Synapsenbläschen umgeben sind.

Die im Perikaryon von Horizontalzellen auftretenden „Kristalloide" (W. Kolmer, 1936) unterzieht C. E. Dieterich (1969) einer erneuten Untersuchung und weist ihnen eine Rolle bei der Bildung granulierter Bläschen („dense core vesicles") und damit in einem „spezialisierten intraretinalen Regelsystem" zu.

M. Kidd (1962), F. S. Sjöstrand (1965), L. Missotten (1965), J. E. Dowling und B. B. Boycott (1965), G. Raviola und E. Raviola (1967) und J. E. Dowling (1968) erarbeiten meist an Hand umfangreicher Schnittserien die Möglichkeit der Zuordnung der in der inneren plexiformen Schicht auftretenden Fortsätze und damit auch einer Klassifizierung der hier vorliegenden synaptischen Kontakte. Neben einfachen Synapsen werden kompliziertere Formen („Dyade, reziproke Synapse") nachgewiesen.

Die Membrana limitans externa wird von M. Spitznas (1970) und J. B. Sheffield und D. A. Fishman (1970) als eine Reihe von Zonulae adhaerentes zwischen Müllerschen Stützzellen und Sehzellen angesehen, während G. Raviola et al. (1966) hier einen Haftkomplex aus zwei Zonulae occludentes und einer dazwischen liegenden Zonula adhaerens beobachten. Die Membrana limitans interna, lichtmikroskopisch eine extracelluläre, retikulinhaltige Struktur (C. H. Pedler, 1961). erweist sich elektronenmikroskopisch als Basalmembran mit fibrillären Einlagerungen (J. Gärtner, 1962). Diese Membran soll nach A. J. Ladmann (1961) und Gärtner nicht der inneren Grenzmembran, sondern einer vitro-retinalen Grenzschicht zugeordnet werden. Neben den Müllerschen Zellen (s. F. Wald und E. de Robertis, 1961) treten als Gliazellen in der Retina nach J. R. Wolter (1961) und J. N. Shively et al. (1970) Astrocyten auf, die unterschiedlich mit Fasern ausgestattet sind und in enger Beziehung zu den Gefäßen stehen.

R. L. Engermann et al. (1966) geben eine umfassende Darstellung von Bau und Verbreitung der Retinagefäße beim Hund.

Lichtmikroskopische Befunde

An meridional geführten Semidünnschnitten lassen sich die bekannten Schichten der Retina klar abgrenzen (Abb. 13). Die äußeren Abschnitte der Sinneszellen sind deutlich in das dunkler gefärbte Außenglied und das helle Innenglied zu unterteilen. Die Außenglieder der Stäbchen nehmen mit ihrer Spitze Kontakt mit dem Pigmentepithel auf, während die Zapfenaußenglieder nicht bis zum Pigmentepithel reichen.

Die Außensegmente der Stäbchen weisen in ihrem Verlauf eine nahezu gleichmäßige Breite von etwa 1 μ, die der Zapfen von ca. 2 μ auf. Ihre Spitze erscheint rundlich oder spitz zulaufend. Auch das Innenglied der Stäbchen zeichnet sich durch eine gleichmäßige Breite von ca. 2 μ aus. Die Innensegmente der Zapfen haben an der Basis eine Breite von ca. 4 μ und verjüngen sich zur Spitze hin (Längenangaben s. Tabelle 2).

Die Innenglieder beider Receptorarten werden in Längsrichtung von feinen, dunkelgefärbten, fädigen Elementen durchzogen. An ihrer Spitze ist gelegentlich ein dichtes Pünktchen zu beobachten. Während die Innenglieder einen geraden, radiär nach außen weisenden Verlauf nehmen, erscheinen die Außenglieder meist in einem stumpfen Winkel abgeknickt und ziehen so mit einer schräg verlaufenden Achse auf das Pigmentepithel zu. An zahlreichen Schnitten erscheinen sie daher schräg oder quer angeschnitten. An der Basis der Innenglieder verläuft die Membrana limitans externa als feine, deutlich konturierte Linie. Von innen her sind ihr die Kerne der Sinneszellen (äußere Körnerschicht) unmittelbar angelagert, wobei die etwas größeren (Durchmesser 6 μ) und locker strukturierten Zapfenkerne in unregelmäßigen Abständen einzeln an der Membran liegen; die kleineren Stäbchenkerne (Durchmesser 4 μ), deren Chromatin zu groben Schollen zusammengelagert ist, erscheinen zu Stapeln übereinandergeschichtet. Je nach Region umfaßt die äußere Körnerschicht 4—8 Lagen von Kernen (s. Tabelle 2).

Zwischen den Receptorzellen ziehen zu schmalen Bündeln zusammengefaßte dünne Fasern in radiärer Richtung auf die anschließende äußere plexiforme Schicht zu. Diese Schicht besteht in ihrer äußeren Lage vorwiegend aus feinen, sich in allen Richtungen überkreuzenden Fäserchen. Dazwischen sind in unregelmäßigen Abständen rundliche oder kegelförmige Plasmabezirke mit homogener Innenstruktur zu finden. Die innere Lage weist vor allem gröbere Fasern mit vorwiegend horizontalem Verlauf auf. Von der darüber liegenden inneren Körnerschicht strahlen oft plump erscheinende Zellausläufer ein.

In der inneren Körnerschicht, in der bis zu vier unregelmäßige Kernreihen zu erkennen sind, läßt sich die Mehrzahl der Kerne vier Zelltypen zuordnen. Die zahlreichsten Zellkerne sind die der bipolaren Nervenzellen (II. Neuron). Sie sind rund, haben einen Durchmesser von etwa 6 μ und werden von einem etwa 1 μ breiten Cytoplasmasaum umgeben. Ihr Chromatin ist randständig zu gröberen Schollen zusammengelagert. Ein Nucleolus ist regelmäßig zu beobachten. In der äußeren Lage der inneren Körnerschicht liegen in unterschiedlichen Abständen flache oder ovale Zellen mit ovalem Kern (Durchmesser 10 μ), die Horizontalzellen. Ihr Kernchromatin ist gleichmäßig und locker verteilt. Ein meist exzentrisch gelagerter Nucleolus tritt mit großer Regelmäßigkeit auf.

Die vitreale Reihe der inneren Körnerschicht wird von den amacrinen Zellen eingenommen. Ihre rundlichen oder ovalen locker strukturierten Kerne (Durchmesser 9 μ) sind durch tiefe Einbuchtungen charakterisiert. Diese Kerninvaginationen sind lediglich an der Glaskörperseite der Kerne zu beobachten.

Zwischen den Kernbezirken der bipolaren Zellen liegen in großer Zahl die Kerne der Müllerschen Stützzellen. Der homogen erscheinende Kern und das dunkel gefärbte Plasma des Kernbezirkes sind unregelmäßig, oft polyedrisch geformt. Die Ausläufer dieser Zellen sind aufgrund ihres dunkleren Cytoplasmas häufig eine Strecke weit, gelegentlich auch bis zur Membrana limitans interna zu verfolgen.

Nach innen folgt auf die innere Körnerschicht die innere plexiforme Schicht. In ihr lassen sich Quer- und Längsschnitte durch vorwiegend horizontal verlaufende Fasern erkennen. Das Kaliber dieser Fasern erscheint wesentlich gröber als derjenigen in der äußeren plexiformen Schicht.

Zwischen innerer plexiformer Schicht und Innengrenze der Retina sind drei Gewebskomponenten in regional unterschiedlicher Menge vertreten.

Der auffälligste Anteil sind die Ganglienzellen des III. Neurons, die in verschiedenen Größen in Erscheinung treten. Ihre größten Formen besitzen einen kreisrunden Kern (Durchmesser 10 μ) mit deutlichem Nucleolus und lockerem, randständigen Chromatin. Ihr Cytoplasmabezirk (Durchmesser ca. 20 μ) ist schaumig strukturiert und weist dunklere, schollige Einlagerungen auf. Einzelne Ausläufer ziehen meist in die innere plexiforme Schicht hinein, wobei sie nur selten Verzweigungen erkennen lassen.

Die Kerne der anderen Zellen dieser Gruppe weisen Durchmesser von 10, von 8 und von 4—6 μ auf. Ihnen entsprechen Durchmesser des Perikaryons von 12, 10 und 6—8 μ. Nicht alle beobachteten Zellen dieser Gruppe waren allerdings in dieses Schema einzuordnen; es waren einzelne Zellen mit Zwischengrößen und auch solche zu finden, deren Kerne mit einem Durchmesser von 12 μ und einem Kernbezirk von 14 μ nicht dem hier üblichen Kern-Plasmaverhältnis entsprechen.

Neben dem Größenunterschied zu der großen Ganglienzelle weisen die drei kleineren Zellformen oft Unterschiede in der Kernform (eingedellte Kerne) und der Cytoplasmadichte auf.

Zwischen die Ganglienzellen sind in fast allen Retinabezirken Bündel von Nervenfasern unterschiedlichen Kalibers eingelagert. Vom Zentrum zur Peripherie abnehmend weisen sie einen durchschnittlichen Durchmesser von 10—14 μ auf.

Nervenfasern und Ganglienzellen sind durch unterschiedlich breite Septen aus einem dunklen Cytoplasma voneinander getrennt, das den Müllerschen Stützzellen zuzuordnen ist. Zur Innenfläche der Retina hin verbreitern sich diese Septen und verbinden sich untereinander zu einer zusammenhängenden, etwa 2 μ starken, meist wellig verlaufenden Schicht.

Blutgefäße verlaufen im wesentlichen in zwei Schichten: die gröberen Gefäße — nahe der Papilla optica meist Venolen und Arteriolen, peripher weitlumige Capillaren — liegen in Höhe der Nervenfaserschicht. Die Wand größerer Gefäße besteht aus dem Endothel und einer oder zwei Lagen von Muskelzellen. Unter dem Endothel ist eine homogene Membran zu erkennen. Das Kaliber dieser Gefäße kann einen solchen Umfang erreichen, daß die Retinainnenfläche an dieser Stelle nach innen vorgebuchtet wird.

Eine zweite regelmäßig gefäßführende Schicht ist die Innenzone der äußeren plexiformen Schicht. Die hier verlaufenden Gefäße sind ausschließlich Capillaren. In der inneren plexiformen Schicht oder der inneren Körnerschicht verkehren Gefäße, die durch ihren schrägen Verlauf erkennen lassen, daß sie die beiden gefäßführenden Schichten verbinden.

Dieser Aufbau trifft für alle Regionen der Pars optica retinae zu. Unterschiede in der Zusammensetzung der einzelnen Schichten sind vor allem mit zunehmender Entfernung vom Zentrum des Augenhintergrundes zu verfolgen.

In einem wenige mm² großen Bezirk, dessen Zentrum ca. 3 mm lateral der Kante der Papilla optica liegt, war bei allen Hunden eine vermehrte Anzahl von Zapfen, eine Verdickung der inneren plexiformen Schicht, eine deutliche Zunahme der Ganglienzellen und ein weitgehendes Fehlen der Nervenfaserschicht

Tabelle 2. *Lichtmikroskopische Meßdaten über die Schichtdicken der Retina des Hundes*

		A.c.[b]	d1[b]	d2	v1	v2	v3	v4
Tapetum	Zahl der Schichten	3—6	10	5—6	—			
	Höhe insgesamt (μ)	9—18	30	15—18	—	—	—	—
Pigmentepithel	Höhe (μ)	durchgehend um 8—10						
Stäbchen	Außengliedlänge (μ)	12	12	12	12	12	10	10
	Innengliedlänge (μ)	15	16	16	15	15	14	12
Zapfen	Außengliedlänge (μ)	12	10	10	10	10	8	8
	Innengliedlänge (μ)	15	15	15	15	14	14	12
Äußere Körnerschicht	Höhe (μ)	30	30	30	28	28	24	20
	Kernschichten	7	8	7	7	7	6	5
Äußere plexiforme Schicht	Höhe (μ)	12	12	8	8	7	6	6
Innere Körnerschicht	Höhe (μ)	24	20	14	16	14	14	14
Innere plexiforme Schicht	Höhe (μ)	20	20	18	18	16	14	10
Ganglienzellschicht (μ)		30	Höhe wegen der großen Abstände der Zellen nicht mehr exakt bestimmbar					
Nervenfaserschicht (μ)		0—4	10	10	10	8	8	4
Gesamthöhe der Retina[a] (μ) ca. (ausschl. Pigmentepithel)		130	125	110	110	100	90	80

[a] Die Zahlen ergeben nicht immer die Summe der einzelnen Schichten.

[b] A.c. Area centralis, d dorsal, v ventral. Die beigefügten Zahlen entsprechen im Abstand von etwa 2 mm vom Augenhintergrund in Richtung zur Ora serrata auf einem vertikalen Meridian gelegenen Regionen der Retina. d3 und d4 stimmen mit v3 und v4 überein und sind deshalb nicht aufgeführt.

zu bemerken (Abb. 13). (Bei Betrachtung eines Totalpräparates bei schräg einfallendem Auflicht ist zu erkennen, daß die konvergierend auf die Papilla optica zulaufenden Nervenfasern in dieser Region nach dorsal bzw. ventral ausweichen; dadurch entsteht eine etwa spindelförmige Fläche, in der nur feinste Fäserchen auf die Nervenaustrittsstelle hin verlaufen.) Eine Einbuchtung der Retina von innen oder außen (Fovea interna oder externa) ist nicht gegeben. Größere Blutgefäße fehlen in diesem Bezirk. In den übrigen Bezirken des Augenhintergrundes ist die strukturelle Zusammensetzung der Retina nahezu uniform, mit nur geringfügigen Abweichungen (s. Tabelle 2).

Ein wenige Millimeter breiter Saum nahe der Ora serrata zeigt eine rasche Abnahme aller Retinaschichten. Die Stäbchen und Zapfen erscheinen hier plump und etwas kürzer, ihre Zahl ist deutlich reduziert.

Die Menge der Receptorkerne geht entsprechend zurück, ebenso die Zahl der Zellen der inneren Körnerschicht und der Ganglienzellschicht.

Am Übergang in die Pars caeca retinae erfolgt innerhalb weniger μ der völlige Rückgang aller nervösen Elemente und ein rascher Übergang in das zweischichtige Epithel des blinden Retinateils.

An Flachschnittserien konnten einige strukturelle Einzelheiten ermittelt werden, die in Meridionalschnitten nicht zu beobachten sind.

So konnte das Verhältnis der Stäbchen zu den Zapfen im Augenhintergrund mit etwa 40:1 festgelegt werden. Dieses Zahlenverhältnis schwankt jedoch regional sehr stark. Im Zentrum, insbesondere in der Area centralis, sind die Zapfen im Verhältnis zahlreicher, in der Peripherie spärlicher.

In den inneren Schichten der Retina lassen sich die Anteile der Müllerschen Zellen aufgrund ihrer dunkleren Färbung gut verfolgen. Die in der inneren plexiformen Schicht als unregelmäßig geformte dünne Querschnitte erkennbaren Müllerschen „Fasern" verbreitern sich in der Ganglienzell- und Nervenfaserschicht und füllen als breite, meist vierkantige Profile den Raum zwischen den anderen Gewebsanteilen aus. Zur Innenfläche der Retina hin verbreitern sie sich weiter und bilden durch ihre landkartenartig verzahnten Innenplatten die Innenfläche der Retina.

Elektronenmikroskopische Befunde

Im elektronenmikroskopischen Bild stellen sich die *Außenglieder* der Receptoren als Stapel von flach ausgebreiteten Membransäckchen dar, die insgesamt von einer einfachen Membran umgeben sind (Abb. 14). Die Lamellensysteme sind zueinander parallel und quer zur Längsachse des Außengliedes gelagert. Jedes der einzelnen Membransäckchen stellt für sich ein geschlossenes scheibenförmiges Gebilde dar, das weder mit den benachbarten Scheibchen noch mit der Außenmembran in Zusammenhang steht. Das Innere der Scheibchen erscheint elektronenoptisch leer, während der Raum zwischen ihnen teilweise von einem sehr fein granulierten Material ausgefüllt ist. Bei den Stäbchenaußensegmenten zeigen die Membranen eine Stärke von etwa 40 Å, der Spalt zwischen den Membranen eines Scheibchens hat eine Weite von 20—30 Å. Der Abstand zwischen den einzelnen Scheibchen liegt bei 120—140 Å. An der Kante der Scheibchen weichen die Membranen zu einem im Schnitt ösenförmigen Ringwulst auseinander, der einen Durchmesser von etwa 200 Å erreicht.

Die Membranen in den Zapfenaußengliedern sind mit ca. 30 Å etwas feiner als die der Stäbchen. Der Innenraum ist etwa 40 Å breit, der Zwischenraum zwischen zwei Stäbchen liegt bei 90 Å. Ein randständiger Ringwulst ist hier nicht ausgebildet. Im Gegensatz zu den Stäbchen kann jedoch die Außenmembran in das System der gestapelten Membranen einbezogen werden; in unregelmäßigen Abständen biegt diese nämlich rechtwinklig nach innen um, folgt dem Verlauf der Scheibchenmembranen parallel, um gegenüber umzukehren, parallel zurück-

Abb. 13. Schnitt durch den Augenhintergrund im Bereich der Area centralis. Semidünnschnitt, Färbung nach Richardson. Vergr. 800×
1 Glaskörper, *2* Nervenfasern, *3* Ganglienzellschicht, *4* innere plexiforme Schicht, *5* innere Körnerschicht, *6* äußere plexiforme Schicht, *7* äußere Körnerschicht, *8* Membrana limitans externa, *9* Innenglied, *10* Außenglied, *11* Pigmentepithel, *12* Tapetum, *13* Chorioidea

Abb. 14. Längsschnitt durch Stäbchenaußenglieder (*SA*), die gestapelten Membranen sind am Rand aufgewulstet (Pfeile), die Hüllmembran (*PL*) erscheint gewellt, der Intercellularraum (*IZ*) enthält feine Partikel. Vergr. 65000×

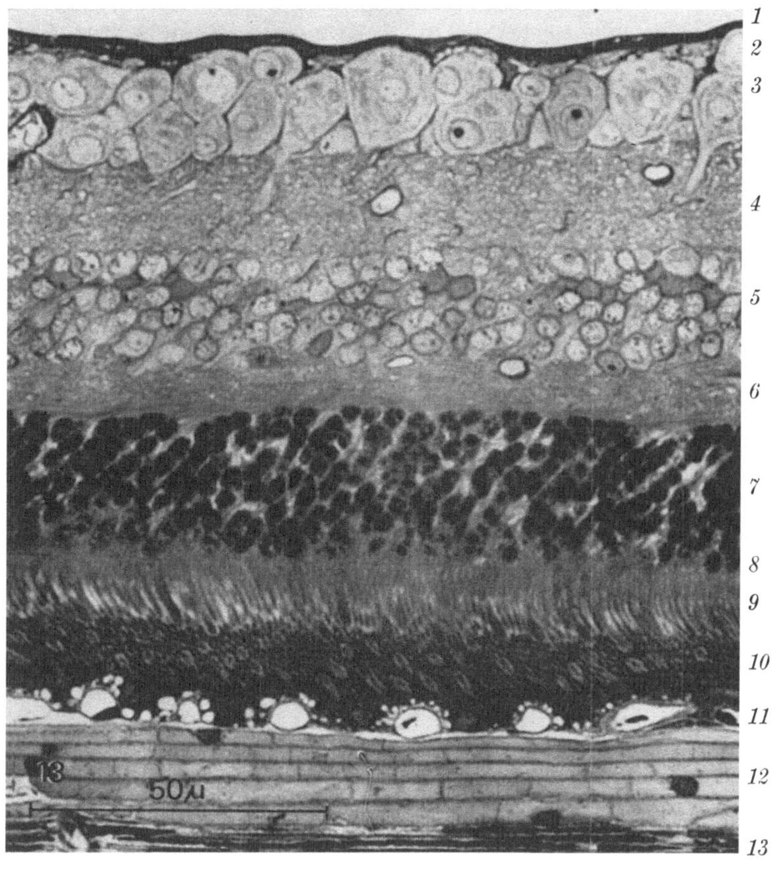

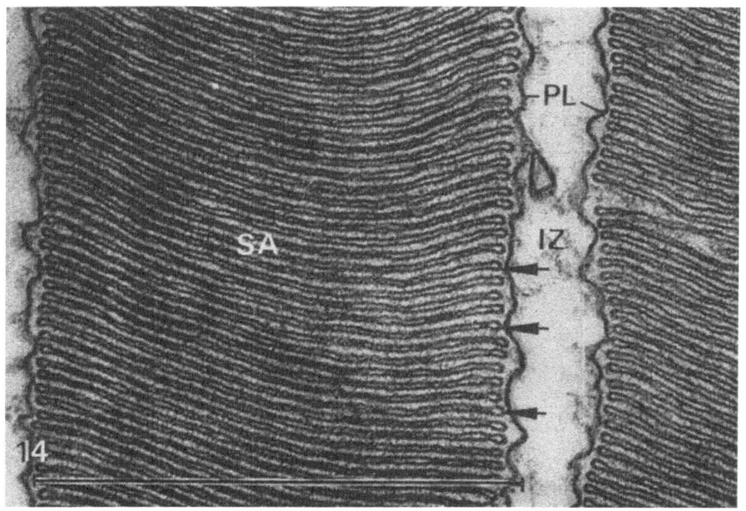

Abb. 13 u. 14

zulaufen und wieder in die Außenmembran überzugehen. Ein Stäbchen beinhaltet bei einer Länge des Außengliedes von 10—12 µ zwischen 500 und 600 Scheibchen. Ein Zapfenaußenglied besteht bei einer Länge zwischen 5 und 10 µ aus 250—500 solcher Scheibchen.

Die Spitzen der Stäbchenaußenglieder sind unterschiedlich weit in die Oberfläche der Pigmentepithelzellen eingesenkt, während die Zapfenaußenglieder in der Regel mehrere µ weit darüber enden. Lediglich im Bereich der Area centralis konnten Zapfenaußenglieder beobachtet werden, deren Kuppen bis unmittelbar an die Oberfläche der Pigmentzellen reichten (Abb. 15, ZA). Ihr Durchmesser ist mit 1—2 µ geringer als der der übrigen Zapfen. Ähnlich wie in Stäbchen zeigen ihre Membranscheibchen einen randständigen Ringwulst. Das Pigmentepithel bildet ihnen, wie anderen Zapfen gegenüber, lamellierte Cytoplasmafortsätze aus, deren innerste Lage das gesamte Außenglied umhüllt.

Die Verbindung zwischen Innen- und Außenglied (Abb. 16) besteht bei allen Receptortypen aus einem etwa 0,3 µ starken und 1,0—1,5 µ langen Cilium (VZ). Dieses geht von einem in der Spitze des Innengliedes in dessen Längsachse eingestellten Röhrchen (MT) aus, ist eingebettet in eine fein granulierte lockere Matrix und umgeben von einer Membran, die eine Fortsetzung des Plasmalemms des Innengliedes darstellt. Die Röhrchen haben einen Durchmesser von 200 Å und stehen paarweise in einem Ring, der einen Durchmesser von 1 600 Å aufweist.

Im Zentrum der Cilie sind zuweilen Verdichtungen des filamentösen Grundmaterials, jedoch keine weiteren Tubuli zu erkennen.

An der Basis des Außengliedes setzt sich das umhüllende Plasmalemm der Cilie auf die Außenmembran fort. Die Tubuli der Stäbchen ziehen, eingelagert in einen randständigen Cytoplasmastrang, etwa über die halbe Länge des Außengliedes weiter. Ihre regelmäßige Anordnung wird dabei jedoch nicht eingehalten; besonders in ihrer äußeren Hälfte werden in Querschnitten häufig nur noch wenige, unregelmäßig gelagerte Tubuli angetroffen.

Der Ursprung der Cilie im Innenglied liegt nicht ganz randständig, sondern am Grund einer nischenartigen Einbuchtung, an deren Seiten sich lappenartige Fortsätze des Innengliedes über das Cilium vorwölben. An der dem Cilium gegenüberliegenden Seite des Innengliedes bildet dieser äußere Rand in der Regel ebenfalls einen schmalen Fortsatz aus, der die Basis des Außengliedes überlappt (Abb. 16, L).

Das *Innenglied* der Receptoren (Abb. 16, 17c, e) ist dicht gefüllt mit Zellorganellen und metaplasmatischen Einlagerungen.

Nahe dem äußeren Centriol, das den Ursprung des Verbindungsciliums bildet, liegt ein zweites, dessen Achse um 90° zum ersten gedreht ist (Abb. 16, Ce).

Abb. 15. Zapfen aus der Area centralis; das Außenglied (ZA) wird von schalenförmigen Fortsätzen (FZ) gänzlich umhüllt; benachbarte Stäbchenaußenglieder (SA) werden nur an der Spitze von kurzen Fortsätzen des Pigmentepithels (F) umgeben; ZI Zapfeninnenglied, IZ Intercellularraum. Vergr. 13 000×

Abb. 16. Übergang vom Innen- zum Außenglied. ZI Zapfen-, SI Stäbcheninnenglied, M Mitochondrien, WF Wurzelfibrillen, NT Neurotubuli, Ce Centriol, Vz Verbindungscilium, dessen Mikrotubuli (MT) in das Außenglied strahlen, ZA Zapfen-, SA Stäbchenaußenglied, IZ Intercellularraum, L lappenförmiger Fortsatz des Innengliedes. Vergr. 30 000×

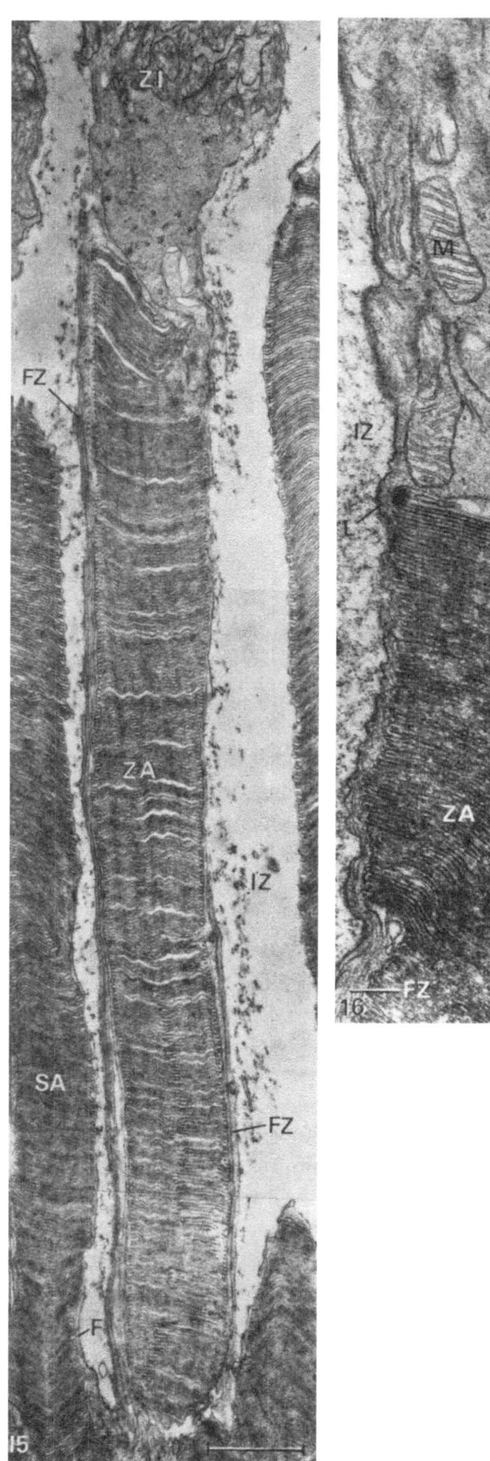

Abb. 15 u. 16

In der unmittelbaren Umgebung des äußeren Centriols entspringen mehrere Bündel von gebänderten Wurzelfibrillen (Periode um 650 Å), die durch die gesamte Länge des Innengliedes bis nahe an die Membrana limitans externa verfolgt werden können (Abb. 16, *WF*). Die äußeren beiden Drittel des Innengliedes werden nahezu ausschließlich von langgestreckten, vorwiegend in der Längsachse eingestellten Mitochondrien (*M*) eingenommen. Sie erreichen eine Länge bis 5 μ. An Querschnitten durch Stäbchenaußenglieder werden zwischen 5 und 10, in Zapfenaußengliedern um 50 solcher Mitochondrien angetroffen. Im inneren Drittel des Innengliedes liegt ein ausgedehntes Golgi-Feld (Abb. 17b, *G*). Es besteht aus schlauchförmigen Cisternen, die vorwiegend in einer Ebene senkrecht zur Längsachse bogenförmig angeordnet sind und zum Teil sehr großen und unregelmäßig geformten Vacuolen, die in der Umgebung verteilt vorliegen. Kurze Schläuche eines granulierten ER können im gesamten Innenglied einzeln oder in kleinen Gruppen angetroffen werden. Ganz vereinzelt treten vor allem an der Basis des Innengliedes kleine Lysosomen auf. Als metaplasmatische Einschlüsse finden sich in allen Abschnitten tubulöse Elemente (Durchmesser um 200 Å), die das gesamte Innenglied der Länge nach durchziehen (Abb. 17, *NT*). Darüber hinaus setzen sich die Mikrotubuli über den Kernbezirk der Receptorzellen bis in den synaptischen Abschnitt fort.

Der Querschnitt der Innenglieder ist unregelmäßig ausgebuchtet (Abb. 17b, c). Unmittelbar außerhalb der Membrana limitans externa liegen sie eng aneinander und berühren sich gegenseitig, während in Höhe des Verbindungsciliums ein durchschnittlicher Abstand von 0,2 μ eingehalten wird. Der Zwischenraum zwischen den Stäbchen und Zapfen enthält zusammengelagerte fädige Elemente und kugelige oder unregelmäßig geformte Membranhüllen ohne Inhalt (Abb. 14—17, *IZ*). Gelegentlich treten hier unterschiedlich große, kompakte Kügelchen auf.

Die *Membrana limitans externa*, im Lichtmikroskop als feine durchlaufende Linie erkennbar, löst sich im elektronenmikroskopischen Bild in eine Reihe von Verdichtungen einander benachbarter Membranen auf (Abb. 17, *Zo*). Der Flachschnitt läßt erkennen, daß die Innenglieder der Stäbchen und Zapfen zwischen die äußeren Pole der Müllerschen Stützzellen eingeschlossen sind. An den Berührungsstellen von Müllerschen Zellen und Innengliedern und teilweise auch der Stützzellen untereinander sind die Plasmaelemente verdichtet. Die Membranen behalten dabei nahezu durchgehend einen Abstand von ca. 200 Å bei; es entsteht also jeweils das Bild einer Zonula adhaerens. Über kurze Strecken nähern sich die Plasmaelemente so, daß der Intercellularspalt weitgehend verschwindet; ob es sich hier um plattenartige oder ringförmige Annäherungen handelt, ist nicht festzustellen. Außerhalb der Membrana limitans externa entlassen die Müllerschen Stützzellen etwa 3 μ lange und 0,1 μ dicke fingerförmige Fortsätze, die sich in kleinen Gruppen zwischen die Receptorinnenglieder einschieben (Abb. 17b, *Mü*).

Abb. 17a—d. Flachschnittserie durch Receptorinnenglieder (Schnittführung s. Abb. 18). *ZI* Zapfen-, *SI* Stäbcheninnenglied, *Mü* Müllersche Stützzellen, *Zo* Zonula (Membrana limitans externa), *M* Mitochondrien, *IZ* Intercellularraum, *Ce* Centriol, *VZ* Verbindungscilium, Stäbchenaußenglied (*SA*). Vergr. 30000×

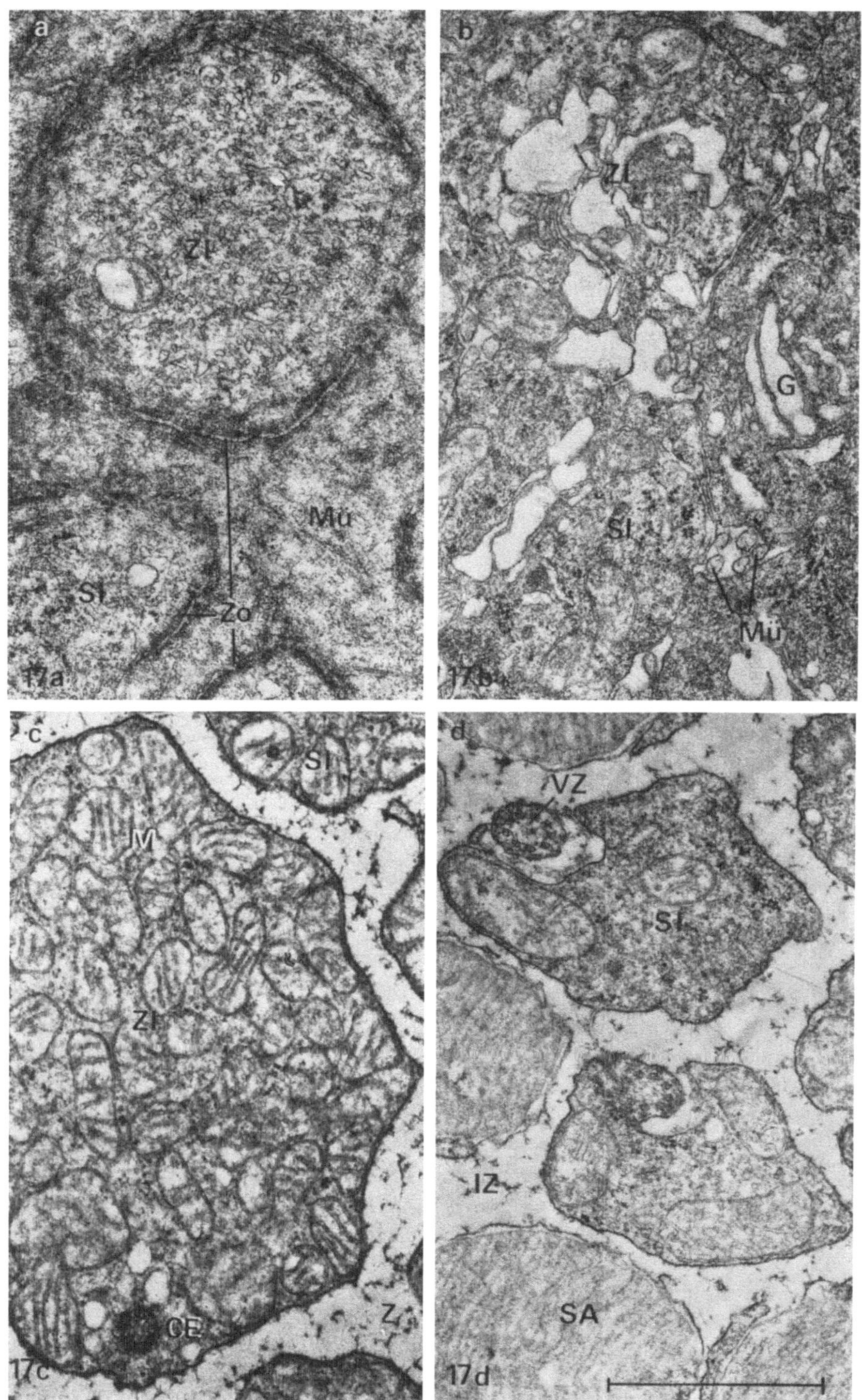

Abb. 17 a—d

Die *Kerne* der Zapfenzellen liegen nahe der Membrana limitans externa. Ihr Chromatin liegt in lockeren Schollen zusammengefaßt nahe der Membran oder im Zentrum des Kernes. Der umgebende Plasmasaum hat eine Breite von etwa 1 μ und weist nur wenige Mitochondrien, kleine Bläschen und freie Ribosomen auf.

In den Stäbchenkernen ist das Chromatin zu breiten, bandförmigen Klumpen verdichtet. Nucleolen sind in beiden Kernarten nur selten zu beobachten. Das Perikaryon der Stäbchenzellen ist außerordentlich schmal, vor allem dort, wo die in radiären Stapeln angeordneten Kerne sich gegenseitig abzuplatten scheinen. Der Plasmasaum weist hier gelegentlich eine Breite von weniger als 500 Å auf. Das Cytoplasma ist dicht und enthält wenige freie Ribosomen.

Eng zwischen die Kernreihen eingeschoben verlaufen zahlreiche feine Zellausläufer in radiärer Richtung. Ein Teil von ihnen weist ein lockeres Plasma und Neurofilamente auf. Hierbei handelt es sich um Dendriten oder Neuriten der Receptorzellen. Das Cytoplasma der Müllerschen Stütz„fasern“ dagegen ist dicht und läßt keine weiteren strukturellen Einzelheiten erkennen.

Nach Durchlaufen der innersten Kernreihe der äußeren Körnerschicht treten die Neuriten der Receptorzellen in die *äußere plexiforme Schicht* ein und enden hier als präsynaptischer Abschnitt der Synapse zwischen erstem und zweitem Neuron. Hierbei sind zwei Synapsenformen zu unterscheiden:

1. in mehreren Ebenen übereinander tritt eine relativ kleine Synapsenformation auf, bei der sich in einem keulenförmigen präsynaptischen Abschnitt einige wenige postsynaptische Zellfortsätze einsenken; sie kann als Stäbchensynapse angesprochen werden (Abb. 19, 20).

2. Eine weitaus umfangreichere Bildung, bei der zahlreiche postsynaptische Zellausläufer mit einem kolbenartigen Ende der Receptorzelle in Kontakt treten. Diese Formation ist als Zapfensynapse bekannt (Abb. 23, *ZS*).

ad 1. Bei der *Stäbchensynapse* erweitert sich der Neurit der Receptorzelle zu einem keulenförmigen Endknöpfchen. Bereits vor der Ausweitung treten im Cytoplasma zahlreiche, von einer einfachen Membran begrenzte Bläschen in Erscheinung, die das Plasma des gesamten präsynaptischen Abschnittes dicht aneinander gelagert ausfüllen. Ihr Durchmesser variiert zwischen 200 und 1000 Å. Vereinzelte randständige Neurotubuli sind bis etwa in die halbe Höhe der Bildung zu verfolgen. Im Inneren sind in der Regel zwischen 4 und 7 rundliche Mitochondrien zu beobachten.

Die Kuppe des Kolbens wird an einer Stelle durch mehrere eintretende Zellausläufer eingestülpt, die sich in der inneren Hälfte des Kolbens verbreitern (*BZ, HZ*). Durch Serienschnitte konnte ermittelt werden, daß es sich hier jeweils um drei verschiedene Ausläufer handelt, die in den präsynaptischen Abschnitt invaginiert sind. Zwei von ihnen weisen untereinander große Ähnlichkeit auf (*BZ*). Sie beschreiben nach Durchtritt durch den inneren Pol des Endknöpfchens eine leichte Krümmung, wobei sich ihr Umfang kaum verändert und enden mit einer fingerförmigen Kuppe. Sie sind unverzweigt und besitzen ein lichtes, wenig strukturiertes Cytoplasma. Eine Überkreuzung dieser beiden Fortsätze bei Durchquerung des „Hilus“ wird häufig beobachtet. Der dritte eintretende Zellfortsatz (*HZ*) weitet sich nach seinem Eintritt in Form lappiger Ausläufer aus, die die beiden anderen Fortsätze seitlich umgeben können. Am Ende gabelt er sich und

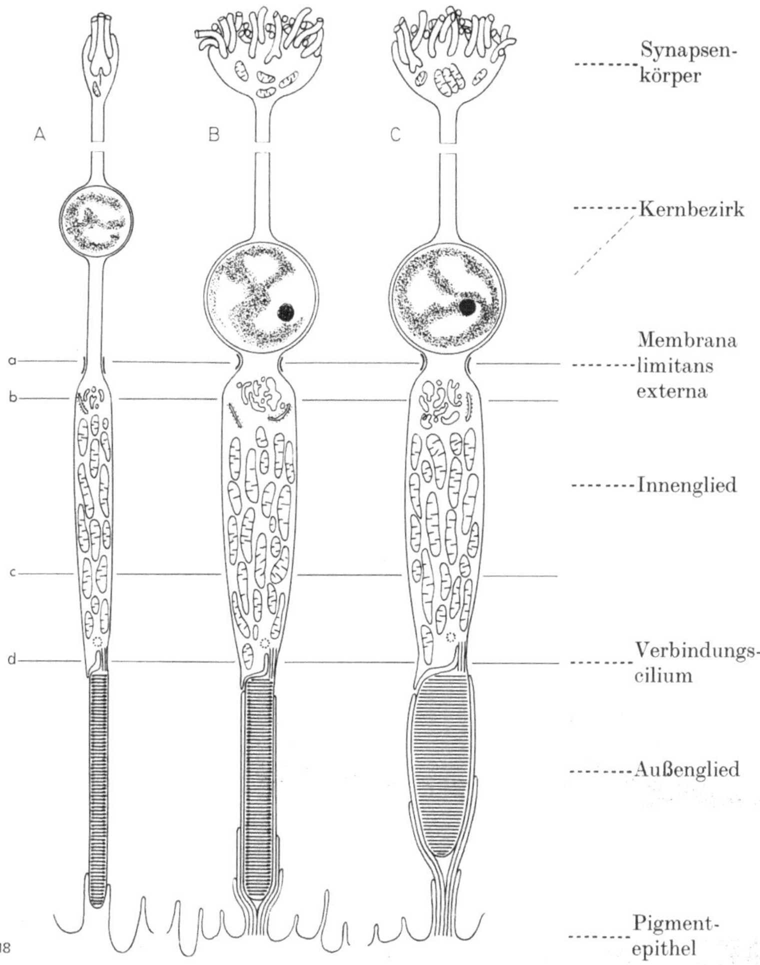

Abb. 18. Schematische Darstellung der Receptortypen. A Stäbchen, B Zapfen innerhalb, C außerhalb der Area centralis. Die waagerechten Linien geben die Schnittebenen der Abb. 17a—d an. Zeichnung B. Ruppel

bildet zwei Lappen, die die Spitzen der beiden erstgenannten Ausläufer schalenartig umgreifen. Das Cytoplasma dieses Fortsatzes ist dicht und weist regelmäßig bläschenartige Einlagerungen auf. Von der Seite her wölbt sich das Cytoplasma der präsynaptischen Strecke in Form von 2—3 rundlichen Läppchen vor und schiebt sich zwischen die beiden erstgenannten „glatten" Fortsätze ein (F). Wo diese Läppchen mit den Fortsätzen in Berührung kommen, zeigt ihr Plasmalemm eine deutliche Membranverdichtung (MV). Auch hier sind im Cytoplasma häufig vesiculäre Einlagerungen anzutreffen.

In der Längsachse des Synapsenknopfes eingestellt umgreift ein hufeisenförmiges Synapsenband (SB) die eingestülpten Fortsätze. Dieses folgt mit seiner

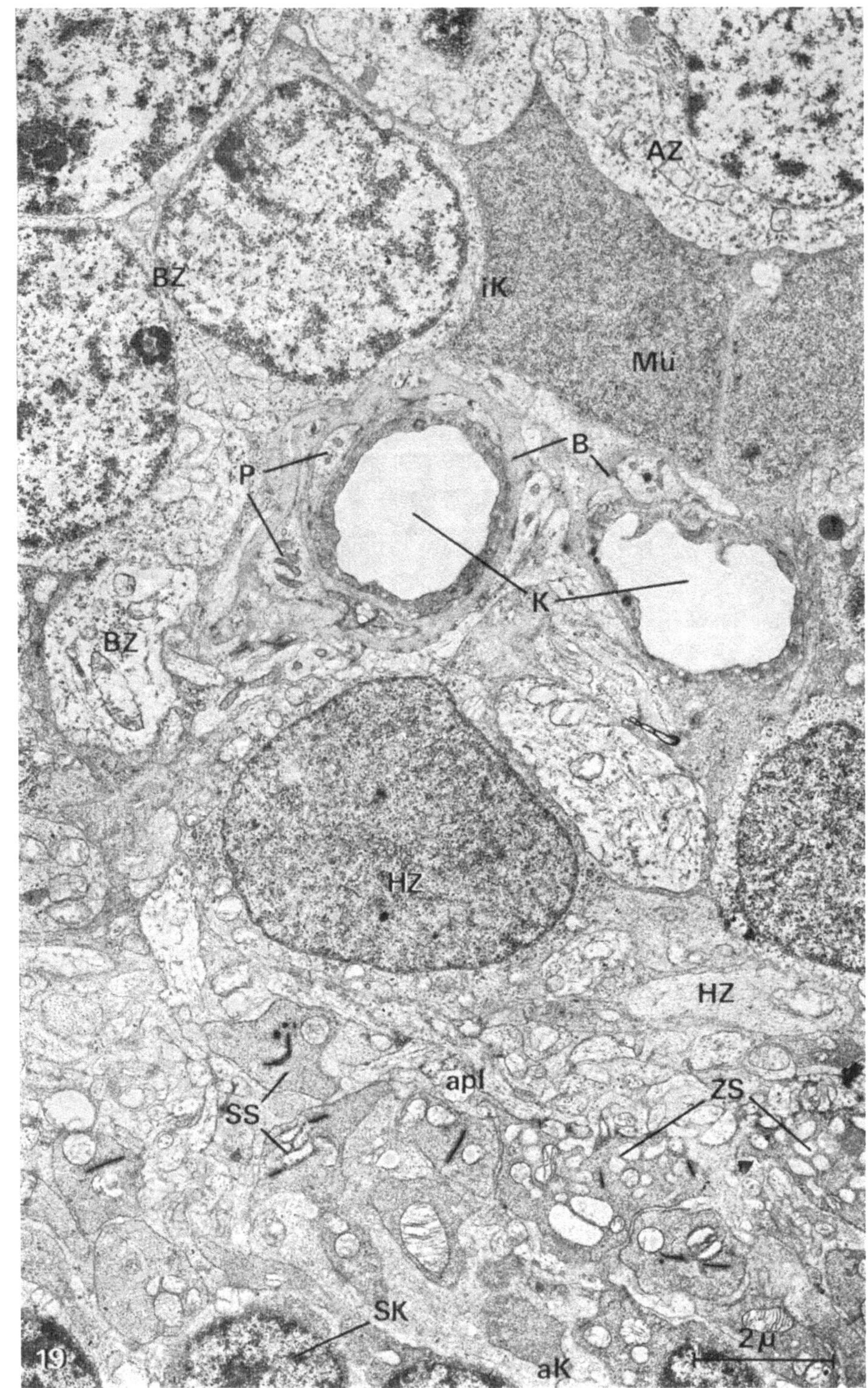

Abb. 19

inneren Kante genau der Einbuchtung, die zwischen den beiden gegabelten Lappen des zweitgenannten Zellausläufers verläuft. Die Innenkante scheint von einer im Schnitt kappenartigen Verdichtung überzogen zu sein, deren Innenkante in die Einkerbung weist. Das Synapsenband hat eine Länge von etwa 5—6 μ, eine Breite von 0,5 μ und eine Dicke von etwa 400 Å. Seine seitlichen Flächen sind dicht mit kleinen Vesikeln besetzt.

Neben diesem hufeisenförmigen Band sind häufig ein bis zwei weitere zu beobachten, die wesentlich kürzer sind und in einigem Abstand von den postsynaptischen Fortsätzen liegen (Abb. 21a). Dazu kommen in einigen dieser Synapsen kugelförmige Gebilde (Durchmesser 1000—2000 Å) vor, deren Inhalt die gleiche hohe Elektronendichte aufweist wie die Synapsenbänder (Abb. 21b). Sie liegen weiter in der Tiefe der Synapse oder stehen vereinzelt in direktem Kontakt mit einem der Synapsenbänder. Auch sie sind von Bläschen umgeben.

An den seitlichen Oberflächen der synaptischen Endabschnitte werden gelegentlich Membranverdichtungen an Stellen beobachtet, an denen sich Fortsätze mit ähnlich strukturiertem Cytoplasma anlegen (Abb. 20, *IR*). Synapsenbläschen treten hier auf keiner der beiden Seiten auf. Die Stäbchenzellen, deren Kerne in der innersten Reihe der äußeren Körnerschicht liegen, besitzen keinen keulenförmigen Synapsenfortsatz. Hier dringen die postsynaptischen Ausläufer in unmittelbarer Kernnähe in den Körper der Receptorzelle ein, wobei sie die gleiche Aufteilung erkennen lassen wie bei den synaptischen Endknöpfchen (Abb. 21a).

In Schnittserien durch die Area centralis von drei Hunden wurden in tief in das synaptische Endknöpfchen eingesenkten Fortsätzen Einschlußkörper mit einer regelmäßigen Innenstruktur beobachtet (s. auch R. Hebel, 1970).

ad 2. Bei der *Zapfensynapse* weitet sich der Neurit zu einem kegelförmigen Kolben aus, dessen abgeflachte Basis gegen die innere Körnerschicht weist. Ihr Cytoplasma ist ähnlich wie bei der Stäbchensynapse von zahllosen Bläschen durchsetzt, Neurotubuli ziehen mit divergierender Richtung bis etwa zur halben Höhe des Endkolbens. Eine größere Zahl von Mitochondrien findet sich vorzugsweise in der nach außen zeigenden Kegelspitze, vereinzelt auch seitlich nahe der Basis. In einigen Zapfensynapsen fällt eine eigenartige Anordnung der Mitochondrien auf. Es lagern sich dabei mehrere große längliche Mitochondrien im Zentrum des Synapsenkolbens in Längsrichtung mit einem gleichmäßigen Abstand von ca. 150 Å aneinander. Ihre Cristae sind ebenfalls in nahezu paralleler Längsrichtung eingestellt.

Der Basis des Kegels lagern sich zahlreiche dicht aneinander gepackte Zellausläufer an. Sie scheinen vorzugsweise aus horizontaler Richtung heranzuziehen. Auch die Auswertung langer Schnittserien (bis 100 Schnitte) ergab lediglich eine relativ grobe Schätzung auf 70—80 an die Synapse herantretende Fortsätze. Es ist jedoch festzustellen, daß ein Teil der Fortsätze sich lediglich der Oberfläche des Synapsenkegels anlagert, ein anderer Teil dringt unverzweigt

Abb. 19. Äußere plexiforme Schicht (*apl*) und innere Körnerschicht (*iK*); die äußere Körnerschicht (*aK*) ist z.T. getroffen; *SK* Kerne von Stäbchenzellen, *SS* Stäbchensynapsen, *ZS* Zapfensynapsen, *HZ* Horizontalzellen und deren Fortsätze, *BZ* bipolare Zellen, *Mü* Müllersche Stützzellen, *AZ* amacrine Zelle, *K* Capillaren mit Pericyten (*P*) und Gefäßgrundhäutchen (*B*). Vergr. 10000×

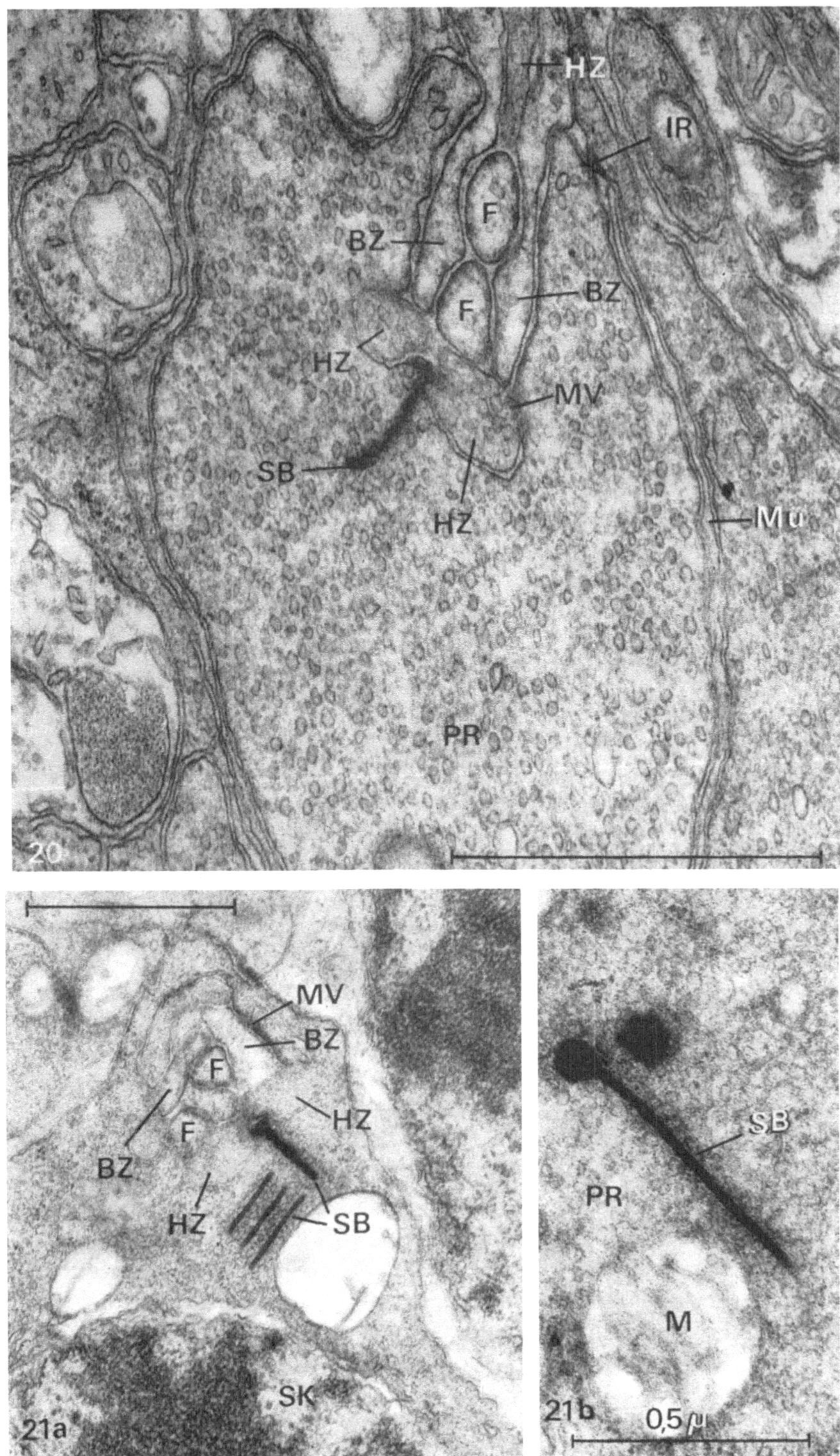

Abb. 20 u. 21 a u. b

eine kürzere Strecke weit ein, während eine weitere Zahl von Fortsätzen sich mit zwei oder drei Endaufteilungen tief in den präsynaptischen Fortsatz einschiebt. Dabei ist das Kaliber der Fasern unterschiedlich groß; die feinsten Fortsätze überschreiten nicht einen Durchmesser von 0,2 μ, während andere bis zu ihrem Endabschnitt eine Stärke von 0,5 μ beibehalten. Sie enthalten in ihrem stark aufgelockerten Plasma vereinzelt vesiculäre oder tubulöse Elemente, die sich in ihrer Dichte nicht von den entsprechenden Einlagerungen im präsynaptischen Abschnitt unterscheiden.

Nahe den invaginierten Fortsätzen, aber auch in der Tiefe des präsynaptischen Kolbens, sind zahlreiche Synapsenbänder eingelagert. Vorzugsweise in dem Kamm, den das präsynaptische Cytoplasma zwischen zwei benachbarten Invaginationen bildet, liegen dicht unter dem Plasmalemm kurze und schmale Synapsenbänder. Im Zentrum des Kolbens treten häufig Gruppen von längeren, oft unregelmäßig angeordneten und meist leicht gekrümmt verlaufenden Bändern auf. Sehr kurze stabförmige oder kugelige Bildungen (Durchmesser 500 Å) gleicher Dichte werden nahe dem Halsteil des Kolbens in einer mehrreihigen Anordnung angetroffen. Diese letzte Formation ist nur gelegentlich zu beobachten.

Verdichtungen des Plasmalemms der präsynaptischen Strecke sind fast ausschließlich im basisnahen Gebiet gegenüber den Ausläufern zu finden, die sich dem Endkolben anlagern oder nur ein kurzes Stück in ihn eindringen. Abschnitte, denen eines der oben genannten kurzen Synapsenbänder unterlagert ist, weisen immer eine solche Membranverdichtung auf.

Auch die postsynaptischen Strecken können solche umschriebenen Verdichtungen der Oberfläche zeigen, und zwar sowohl gegenüber der präsynaptischen Membran als auch gegenüber benachbarten postsynaptischen Abschnitten. Hierbei sind die einander gegenüberstehenden Membranabschnitte meist verdichtet.

Während an der überwiegenden Zahl der invaginierten Dendriten keine Regelmäßigkeit in der Anordnung der genannten Strukturanteile gegeben ist, tritt gelegentlich eine typische Formation auf, die aus drei eng aneinanderliegenden postsynaptischen Fortsätzen und einem im präsynaptischen Anteil senkrecht dazu eingestellten Synapsenband besteht. Membranverdichtungen können hier an verschiedenen Stellen beobachtet werden. Diese Anordnung entspricht einer sog. Triade. In einigen wenigen Fällen zieht von der seitlichen Oberfläche des synaptischen Endkolbens ein schmaler Cytoplasmafortsatz zu einer benachbarten Zapfen-

Abb. 20. Stäbchensynapse; in das präsynaptische Endknöpfchen (*PR*) sind zwei Fortsätze von bipolaren Zellen (*BZ*) und ein Horizontalzellfortsatz (*HZ*) eingestülpt; das Plasma des präsynaptischen Abschnitts enthält Synapsenbläschen und ein Synapsenband (*SB*), *MV* Synapsenmembranen, *F* Vorbuchtungen des präsynaptischen Plasmas zwischen die invaginierten Dendriten, *Mü* Plasmalage einer Müllerschen Zelle, *IR* interreceptorische Synapse (?). Vergr. 50000×

Abb. 21a. Stäbchensynapse, bei der die postsynaptischen Fortsätze (*HZ* Horizontalfortsatz, *BZ* Ausläufer von bipolaren Zellen) in das Perikaryon der Stäbchenzelle (*SK*) invaginiert sind; *SB* Synapsenbänder, *MV* Synapsenmembran. Vergr. 30000×

Abb. 21b. Stäbchensynapse; das Plasma des Endknöpfchens (*PR*) enthält ein Synapsenband (*SB*) mit einem kugelförmigen Anhang und einen weiteren Einschluß gleicher Elektronendichte, Mitochondrien (*M*) und zahlreiche Synapsenbläschen. Vergr. 65000×

synapse und tritt mit deren Oberfläche unter Verdichtung der beiden sich berührenden Membranbezirke in Kontakt. In der Nachbarschaft der Endkolben wurden mehrmals breite Zellfortsätze beobachtet, deren Cytoplasma zahlreiche membranbegrenzte Bläschen mit elektronendichtem Inhalt enthielt. Die Größe der Bläschen schwankt zwischen 700 und 1 200 Å.

Die innere Lage der äußeren plexiformen Schicht (Abb. 19) besteht aus Fasern unterschiedlicher Dicke und Verlaufsrichtung; dabei verlaufen die gröberen Fasern in der Regel horizontal unmittelbar unter den Zellen der inneren Körnerschicht, die feinerem mit wechselndem Verlauf nahe den Receptorsynapsen und zwischen diesen. Zwischen den Zellen der inneren Körnerschicht ziehen starke Fasern in die plexiforme Schicht hinein, teilen sich nach Erreichen der inneren Lage meist sofort auf und schwenken dabei in die horizontale Richtung um. Auch in umfangreichen Schnittserien war es nicht möglich, diese Verzweigungen bis zu ihrem Ende zu verfolgen, da es nie vorkam, daß einer der Faserzüge in der Nähe ihres Eintritts in die äußere plexiforme Schicht direkt auf eine der Receptorsynapsen zulief. Die Fasern können kleine Mitochondrien, Neurotubuli und vesiculäre Elemente in unterschiedlicher Anordnung und Dichte enthalten. Auch das Cytoplasma selbst ist unterschiedlich dicht. So zeigen die Dendriten der bipolaren Zellen ein sehr lockeres Plasma mit häufigen Einlagerungen von Mitochondrien und locker angeordneten Neurotubuli; die als starke horizontale Fasern verlaufenden Anfangsabschnitte der Horizontalzellfortsätze enthalten gleichmäßig verteilte Neurotubuli in einem relativ dichten Cytoplasma, während die feineren Aufzweigungen nur noch gelegentlich Neurotubuli, einzelne Ribosomen und unterschiedlich dichtes Plasma beinhalten.

In nur sehr selten auftretenden horizontal und nahe den Synapsenkörpern verlaufenden Fasern werden verschieden dichte rundliche Einlagerungen (Durchmesser 800 Å) beobachtet, deren homogener oder fein granulierter Inhalt von einer einfachen Membran begrenzt ist.

Auch im elektronenmikroskopischen Bild der *inneren Körnerschicht* sind vier Zellarten unschwer zu differenzieren (Abb. 19). In den Kernen der *bipolaren Zellen (BZ)* ist das Chromatin zu lockeren Schollen zusammengelagert. Ihr Durchmesser liegt bei 4 μ, der umgebende Plasmasaum ist zwischen 0,1 und 0,5 μ breit. Ein dichter Nucleolus (0,4 μ Durchmesser) kann regelmäßig beobachtet werden. Dem äußeren oder inneren Pol der Zelle zugewandt ist im Kernbezirk eine Ansammlung von Zellorganellen anzutreffen; so liegen hier regelmäßig ein Golgi-Feld zahlreiche rundliche Mitochondrien, kurze Ergastoplasmaschläuche und freie Ribosomen, die meist eine rosettenartige Anordnung zeigen. Im Golgi-Feld ist gelegentlich ein Centriol enthalten. Einige Zellen besitzen eine kurze, cilienförmige Ausstülpung, der ein senkrecht zur Zelloberfläche eingestelltes Centriol unterlagert ist. Von dem Basalkörperchen laufen dichte Streifen in die Zellevagination hinein.

Die Fortsätze der bipolaren Zellen ziehen als breite Plasmastränge in radiärer Richtung zur äußeren bzw. inneren (Abb. 22) plexiformen Schicht. Innerhalb der inneren Körnerschicht zeigen sie keinerlei Verzweigung. Sie enthalten hier jedoch große Mitochondrien, Ribosomen und Neurotubuli in lockerer Anordnung. (Verzweigung der Bipolaren s. innere bzw. äußere plexiforme Schicht.)

Die Kerne (*K*) der *Horizontalzellen* (Abb. 19, *HZ*), meist oval oder nierenförmig (Durchmesser 6—7 μ), weisen ein feingranuliertes, gleichmäßiges Karyoplasma und einen großen (Durchmesser 1 μ), locker gefügten Nucleolus auf. In dem bis ca. 1,5 μ breiten Cytoplasmasaum ist die Masse der Zellorganellen zur äußeren plexiformen Schicht hin orientiert. Ein kleines Golgi-Feld liegt stets in unmittelbarer Kernnähe vor, während zahlreiche Mitochondrien über das Perikaryon verstreut sind. Häufig umlagern sie Plasmabezirke, die ein relativ umfangreiches agranuläres ER enthalten. Ein granuliertes ER mit kurzen, unregelmäßig angeordneten Schläuchen liegt in lockerer Verteilung vor. Im gesamten Kernbezirk sind daneben zahlreiche freie Ribosomen gleichmäßig verteilt. Neben diesen Zelleinlagerungen finden sich in Horizontalzellen häufig langgestreckte Röhrchenaggregate, bestehend aus einer oder zwei ineinandergesteckten membranösen Röhren, deren innere auf der Innenseite mit ribosomenartigen Partikeln besetzt erscheint. Mehrere (5—10) solcher Röhrchen, die eine Länge von 3—4 μ und einen Durchmesser von ca. 3000 Å besitzen, liegen parallel nebeneinander zu einem Bündel zusammengefaßt. Mehrere in einer Zelle angetroffene Röhrchenaggregate verlaufen meist in unterschiedlichen Richtungen.

Die Fortsätze der Horizontalzellen ziehen in horizontaler Richtung als breite Äste dicht unter den Kernen der inneren Körnerschicht entlang, wobei sie in unregelmäßigen Abständen feine Zweige in die äußere plexiforme Schicht hinein entlassen. Sie enthalten einzelne langgestreckte Mitochondrien und zahlreiche Neurotubuli, die mit gleichmäßigen Abständen im Cytoplasma der Fortsätze verteilt sind. Das Grundplasma der Horizontalzellen erscheint wesentlich elektronendichter als das der bipolaren Zellen.

Der Kern der *amacrinen Zellen* ist charakterisiert durch tiefe Kerben, die sich immer von der Glaskörperseite in den Kern einsenken. Das Chromatin ist locker, jedoch nicht so gleichmäßig wie bei den Horizontalzellen verteilt. Ein Nucleolus ist nur selten im Schnittbild zu finden.

An der Innenseite der Zelle nimmt ein breiter Cytoplasmasaum ein meist ausgedehntes Golgi-Feld mit flachen Zisternen und großen Vacuolen auf. In seiner Nachbarschaft liegen häufig membranbegrenzte Einlagerungen mit homogenem Inhalt, die in der Größe den umfangreicheren Golgi-Vacuolen entsprechen. Mehrere Bezirke der Zelle werden von unregelmäßig angeordneten kurzen Ergastoplasmaschläuchen eingenommen. Freie Ribosomen in Rosettenform sind zahlreich vorhanden. Die Mitochondrien sind klein, meist rundlich und nur spärlich mit Cristae ausgestattet. An einigen Amacrinen konnten ähnliche Cilienanlagen wie bei den Bipolaren beobachtet werden.

Eine weitere Besonderheit scheinen parallel unter dem Plasmalemm angeordnete flache Membranschläuche zu sein, die gelegentlich in der Nachbarschaft des Golgi-Feldes angetroffen werden.

Die Fortsätze der amacrinen Zellen (Abb. 23) verbreiten sich zunächst immer in horizontaler Richtung. Auch hier gelingt es z.B. auch mit Hilfe von Schnittserien nicht, Fasern bis in ihre Endaufzweigungen sicher zu verfolgen.

Die Form der Zellkerne der *Müllerschen Stützzellen* (Abb. 19, *Mü*) wird durch die der benachbarten Zellen bestimmt. Da sie zwischen die rundlichen Formen der Nachbarzellen eingelagert sind, zeigen Kern und umgebendes Cytoplasma im Schnitt unregelmäßig kantige Umrisse, die sich häufig der Sternform nähern. Ihr Karyoplasma ist ähnlich homogen wie das der Horizontalzellen, erscheint jedoch feiner granuliert und etwas dichter. Der kleine, sehr dichte Nucleolus tritt nur selten in Erscheinung. Das Perikaryon ist meist sehr schmal (bis unter 400 Å) und frei von Zellorganellen; das Cytoplasma enthält feine bläschenartige, tubulöse und filamentöse Bestandteile, seine Dichte ist höher als das der benachbarten Nervenzellen.

Bei einigen Hunden traten in Schnitten aus dem Augenhintergrund, und zwar sowohl im Tapetum- als auch im nasalen Bereich (mit Ausnahme der Area centralis) in der inneren Körnerschicht einzelne große Nervenzellen auf, die denjenigen glichen, die in der Ganglienzellschicht vorliegen (s. dort).

In der *inneren plexiformen Schicht* sind Ausläufer von bipolaren, amacrinen und Ganglienzellen zu einem dichten und unregelmäßigen Faserfilz zusammengelagert. Erst anhand von Schnittserien können typische Strukturmerkmale der einzelnen Zellfortsätze erfaßt und somit die meisten Schnittbilder entsprechend zugeordnet werden.

Die Neuriten der bipolaren Zellen (Abb. 22) nehmen im allgemeinen einen direkt nach innen gerichteten Verlauf. Dabei verjüngen sie sich zunächst und enden in einem unregelmäßig geformten, jedoch stets unverzweigten Endkolben. Von der Oberfläche dieses Endabschnitts schieben sich lappige, oft spitz zulaufende Fortsätze eine kurze Strecke weit zwischen die anderen Fasern ein. Das Cytoplasma der Neuriten enthält große, rundliche Mitochondrien (M); vesiculäre Einlagerungen sind vorwiegend auf den Endabschnitt beschränkt, wobei sie in der Nachbarschaft der synaptischen Kontakte mit den beiden anderen Zellarten besonders angehäuft erscheinen. Bei einer Form dieser Kontakte sind im Plasma der bipolaren Fortsätze kurze Synapsenbänder (SB) zu beobachten.

Die Ausläufer der amacrinen Zellen (Abb. 23) sind reichlich verzweigt. Ihr Cytoplasma enthält Mitochondrien vorwiegend in Kernnähe und ebenfalls feine Bläschen, die sich vor allem im Bereich der Endaufzweigungen in Gruppen entweder in der Nähe synaptischer Kontakte oder auch im Zentrum der Faser zusammenlagern.

Die an der Bildung der inneren plexiformen Schicht beteiligten Fortsätze der Ganglienzellen (Abb. 22, 23, G) enthalten in ihrem lockeren Cytoplasma längliche Mitochondrien in großer Zahl, daneben Gruppen von Ribosomen, tubulöse Elemente und gelegentlich granulierte, lysosomenartige Einschlüsse. Synapsenbläschen werden hier nicht beobachtet.

Die genannten Struktureigentümlichkeiten sind jedoch nicht in jedem Abschnitt der Zellfortsätze in gleicher Weise ausgeprägt. Eine Zuordnung einzelner Schnittbilder ist daher in vielen Fällen nicht möglich.

Die Fortsätze der drei Zellarten gehen untereinander synaptische Verbindungen ein, die nach strukturellen Merkmalen zwei Typen unterscheiden lassen (Abb. 22—24):

Abb. 22. Neurit einer bipolaren Zelle (BZ) in der inneren plexiformen Schicht. Vergr. 22000×

Erklärung zu den Abb. 22—24. *BZ* bipolare Zelle, *B* deren an Synapsen beteiligte Fortsätze, *AZ* amacrine Zelle, *A* deren Fortsätze, *G* Fortsätze von Ganglienzellen, *SB* Synapsenband, *M* Mitochondrien; die Pfeile weisen auf synaptische Kontakte hin (die beigefügten Zahlen beziehen sich auf die in Abb. 24 angegebenen Synapsentypen). *D* Dyade, *R* reziproke Synapse, *S* Querschnitt durch fingerförmige Invaginationen in amacrinen Fortsätzen.

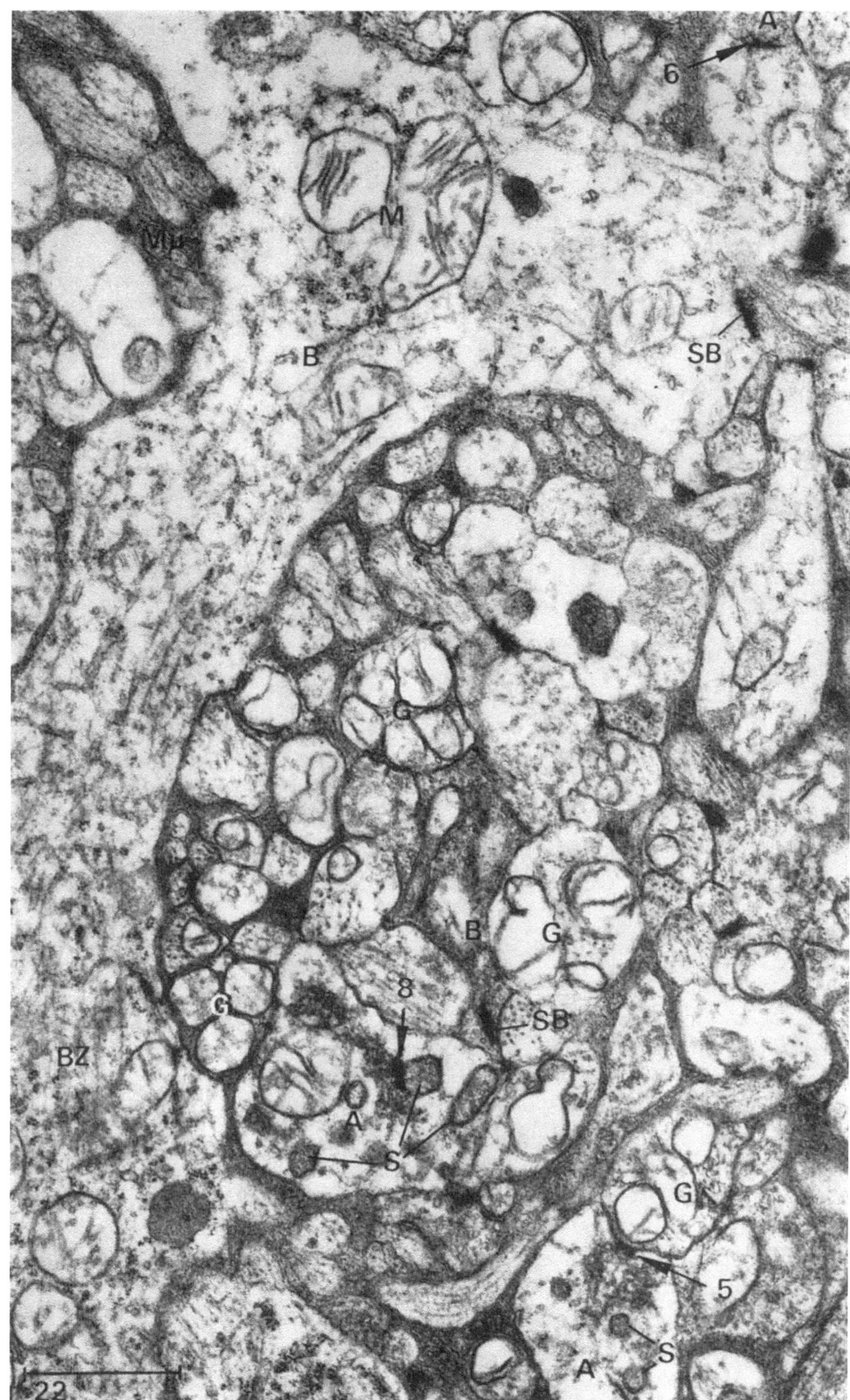

Abb. 22

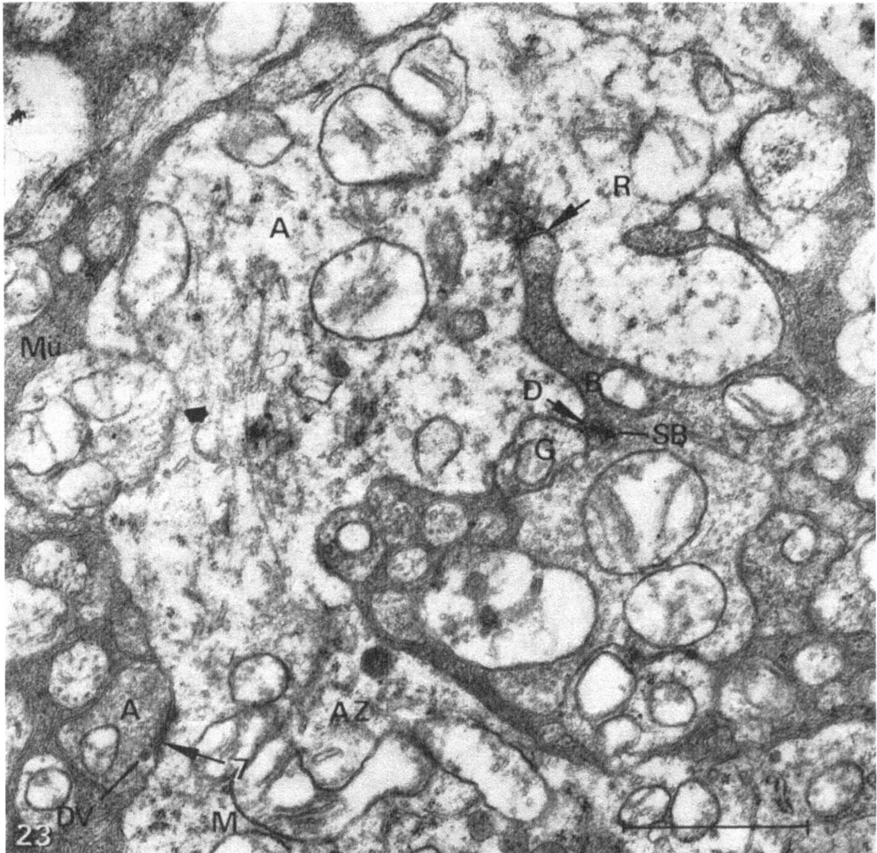

Abb. 23. Fortsatz einer amacrinen Zelle in der inneren plexiformen Schicht. *DV* „dense core vesicle". Vergr. 25000 ×

a) An den bipolaren Neuriten (*B*) lagern sich je ein Dendrit einer Ganglienzelle (*G*) und ein Fortsatz einer amacrinen (*A*) Zelle oder zwei Ausläufer amacriner Zellen nebeneinander. Die bipolare Zelle zeigt in diesem Abschnitt eine geringe Verdichtung der Wand und enthält zahlreiche synaptische Bläschen und ein Synapsenband (*SB*), das mit seiner Kante auf den Spalt zwischen amacriner und Ganglienzelle weist. Die gegenüberliegenden Flächen der angelagerten Fortsätze lassen ebenfalls verdichtete Oberflächenmembranen und eine Verdichtung des anschließenden Cytoplasmas erkennen. In einigen Fällen konnte das Auftreten zweier Synapsenbänder nebeneinander beobachtet werden (Abb. 24, *4*). Es ist verbunden mit der Anlagerung von zwei Ganglienzelldendriten und einem amacrinen Fortsatz. Der Ausläufer der amacrinen Zelle (*A*) liegt dabei zwischen den beiden Ganglienzellfortsätzen (*G*), die beiden Synapsenbänder sind auf die jeweiligen Intercellularspalten ausgerichtet. Membran- und Cytoplasmaverdichtungen sind in analoger Weise wie oben ausgebildet.

b) Die Fortsätze aller drei Zellarten treten in Form einfacher Synapsen in Verbindung. Der präsynaptische Anteil, gekennzeichnet durch eine Anhäufung

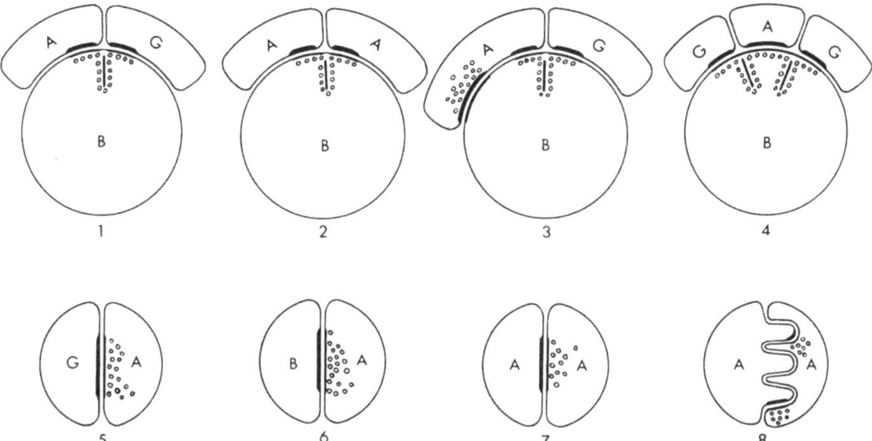

Abb. 24. Schematische Darstellung der synaptischen Kontakte in der inneren plexiformen Schicht. *1* und *2* Dyade, *3* reziproke Synapse, *4* Synapse mit drei postsynaptischen Fortsätzen, *5—7* einfache Synapsen, *8* mit Invaginationen. Zeichnung B. Ruppel

von Synapsenbläschen und eine Membranverdichtung, wird dabei jeweils von einer amacrinen Zelle, der postsynaptische Abschnitt von einer amacrinen, einer bipolaren oder einer Ganglienzelle gestellt. Synapsenbänder sind hier nicht ausgebildet (Abb. 24, *5—7*). Einfache Synapsen dieser Art kommen zuweilen auch im Zusammenhang mit der unter a) geschilderten Synapsenform vor, wobei der an dieser Anordnung beteiligte postsynaptische Fortsatz der amacrinen Zelle in unmittelbarer Nähe eine präsynaptische Membranverdichtung gegen die beteiligte bipolare Zelle hin richtet (reziproke Synapse) oder als präsynaptischer Abschnitt für eine weitere Zelle wirkt. Bei einfachen Synapsen zwischen zwei amacrinen Zellen ist häufig eine mehrfache Invagination fingerförmiger Fortsätze eines Zellausläufers in den gegenüberliegenden zu beobachten, die im Schnittbild meist als rundliche oder ovale, von einer doppelten Membran umgebene, bläschenhaltige Cytoplasmabezirke in Erscheinung tritt (Abb. 22, *S*). Synaptische Kontaktstellen sind jeweils in der Tiefe der Invagination zu finden.

Die unter a) beschriebene Synapsenform (Dyade) ist in einzelnen Schnitten relativ selten zu beobachten. Schnittserien durch einen bipolaren Endkolben ließen jedoch hier bis zu 8 solcher Kontakte erkennen.

Einfache synaptische Kontakte (b) hingegen kommen häufig und in allen Zonen der inneren plexiformen Schicht vor. Mehrfach konnten in der inneren plexiformen Schicht Zellfortsätze mit zahlreichen granulierten Bläschen (Durchmesser 700—1 200 Å) beobachtet werden, die den in der äußeren plexiformen Schicht liegenden gleichen. Einzelne solcher Bläschen mit elektronendichtem Inhalt treten in wesentlich feineren Fasern auf (Abb. 23, *DV*); die Größe dieser Bläschen liegt bei 600 Å.

Die Zellen des *Ganglion opticum* besitzen in der Regel einen chromatinarmen runden Kern mit großem Nucleolus.

Das umfangreiche Cytoplasma zeichnet sich durch Einlagerungen von zahlreichen kleinen Mitochondrien, Lysosomen, Gruppen von freien Ribosomen und filamentösen Strukturen aus. Häufig sind in einem Schnittbild mehrere Golgi-Felder und zahlreiche, meist zu Arealen zusammengefaßte Anteile des granulierten ER zu finden. Diese Beschreibung trifft vor allem für die großen, cytoplasmareichen Ganglienzellen zu. Daneben finden sich kleinere Nervenzellen, deren Kern dichter und deren Cytoplasma weniger reich mit Organellen ausgestattet erscheint. Die Dendriten der Ganglienzellen sind plumpe, reichlich mit Zellorganellen ausgestattete Fortsätze, die zumeist nur ein kleines Stück weit verfolgt werden können. Meist ziehen sie unter Verzweigung schräg auf die innere plexiforme Schicht zu (Synapsen s.o.).

Die Neuriten treten meist unmittelbar nach Verlassen der Zelle in ein benachbartes Nervenfaserbündel (Abb. 25, 26, *NF*) ein. Sie enthalten im Inneren nur noch wenige Mitochondrien, hingegen zahlreiche in der Längsachse eingestellte Neurotubuli. Lediglich in den Bezirken der Retina, die unmittelbar an die Papilla optica angrenzen, konnten (außer den Müllerschen Stützzellen) Zellen gefunden werden, die einwandfrei zur *Neuroglia* zu rechnen sind (Abb. 25). Sie besitzen einen ovalen oder dreikantigen Kern (*K*) mit meist gleichmäßig verteiltem Chromatin. Ein Nucleolus konnte nicht nachgewiesen werden. Ihr Zelleib enthält zahlreiche langgestreckte, dunkle Mitochondrien (*M*), ein ausgedehntes Golgi-Feld (*Gf*) und kurze Tubuli eines granulierten ER. Die Zellen sind Nervenfaserbündeln (*NF*) und Gefäßen (*BG*) angelagert.

Im ersten Fall schieben sich weit zwischen die Neuritenbündel zahlreiche flache, septenartige Fortsätze (*F*) ein, die die einzelnen Axone umfassen und voneinander trennen; die einer Gefäßwand benachbarten Oberflächen der Zellen sind häufig durch tiefe Einfaltungen gegliedert.

Nahe der Papilla optica zeigen die hier in divergierender Richtung verlaufenden großen *Gefäße* den Wandbau von Arteriolen bzw. Venolen (Abb. 26). Ihr relativ hohes Endothel (*EZ*) wird unterlagert von einer bis zu 1 µ starken Basalmembran, die zuweilen Einlagerungen präkollagener Fibrillen erkennen läßt. Darüber liegen flach ausgezogene Muskelzellen mit plattem Kern, die das Gefäß oft nahezu vollständig umgeben. Ihr Cytoplasma enthält neben Ribosomen und vesiculären Einlagerungen große Mengen feinster Filamente. Die Zellen weisen sowohl gegen die innere als auch gegen die äußere Basalmembran plattenförmige Plasmalemm- und Cytoplasmaverdichtungen auf, in die vom Zellinneren feine Filamente einstrahlen. Die übrige Zellwand und auch das gesamte Plasmalemm der Endothelzellen zeigen zahlreiche Mikropinocytosebläschen. Im Cytoplasma der Endothelzellen sind gelegentlich feine Filamente (Durchmesser um 80 Å) zu beobachten, die häufig zu Bündeln angeordnet erscheinen. An den Berührungs-

Abb. 25. Astrocyt im zentralen Bereich der Retina, einerseits an der Basalmembran (*B*) eines Blutgefäßes (*BG*) angelagert, schiebt er andererseits flache Lamellen (*L*) zwischen Nervenfasern (*NF*) ein und umhüllt sie; bei *MA* eine mesaxonartige Doppelmembran, *K* Zellkern, *Gf* Golgi-Feld, *M* Mitochondrien, *ER* granuliertes ER, *Mü* Müllersche Stützzelle. Vergr. 16000×

Abb. 26. Innere Oberfläche der Retina. *Gl* Glaskörper, *Mli* Membrana limitans interna, *Mü* Müllersche Stützzellen, *NF* Nervenfasern, *EK* Kern einer Endothelzelle (*EZ*), *B* Basalmembran. Vergr. 16000×

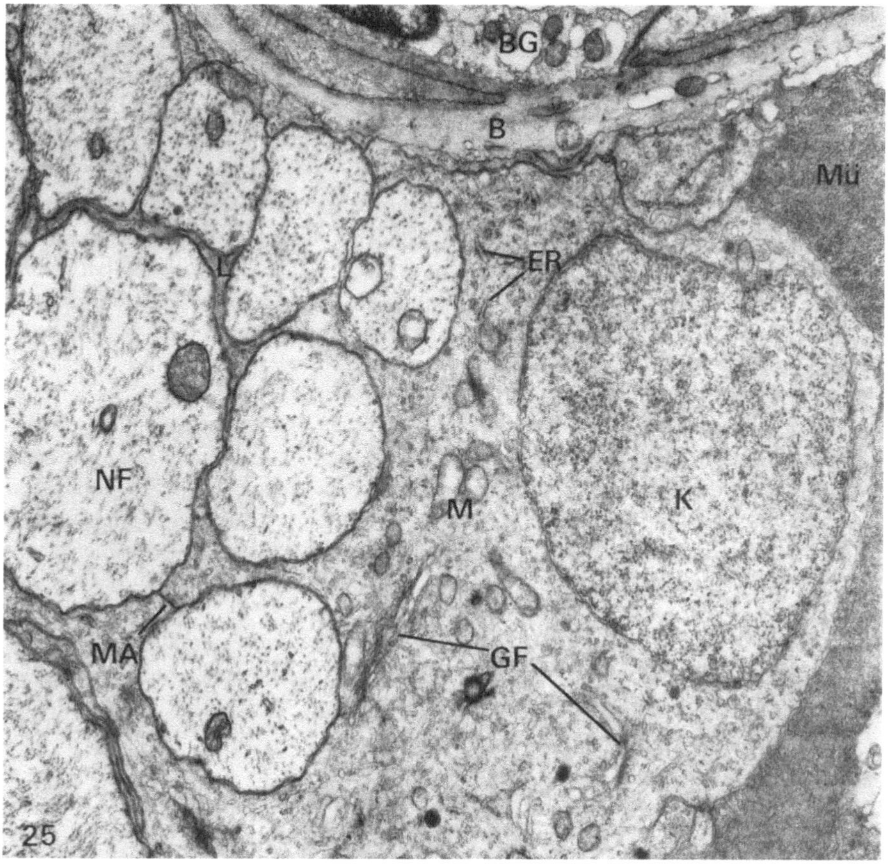

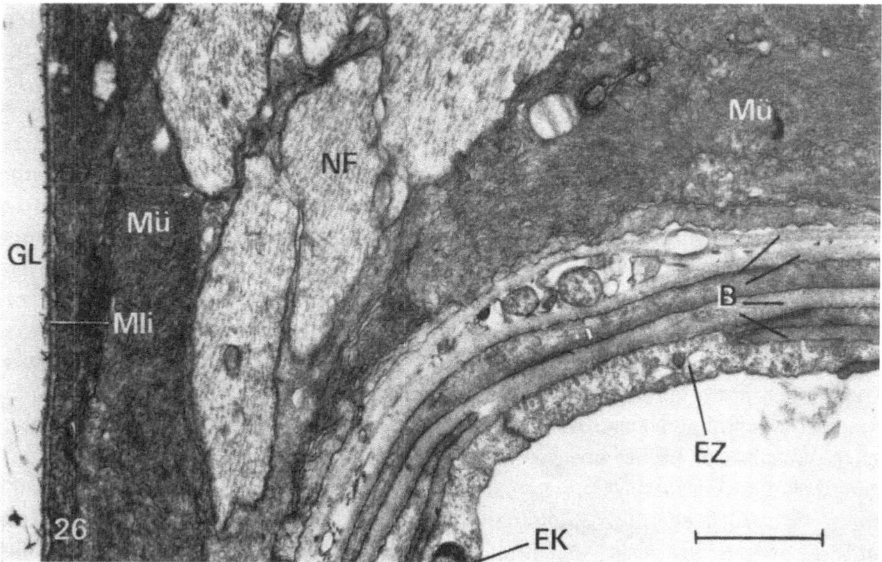

Abb. 25 u. 26

zonen zweier Endothelzellen liegen die Plasmalemmata über breite Strecken besonders eng aneinander und erscheinen hier verdichtet. Nach außen wird die Gefäßwand durch eine zweite Basalmembran abgeschlossen. Sie zeigt eine ähnliche Dicke wie das innere Grundhäutchen, enthält jedoch meist reichlichere Einlagerungen von fibrillärem Material. Der äußeren Basalmembran lagern sich die Fortsätze der Müllerschen Zellen mit flach ausgezogenen Platten an.

Die Capillaren der Retina (Abb. 19) bestehen aus einer dünnen Endothelhülle, der sich außen eine feine Basalmembran (*B*) (Durchmesser 0,2—0,5 μ) anlagert.

In ähnlicher Lage zur Basalmembran wie die glatten Muskelzellen finden sich an größeren Capillaren Pericyten (Abb. 19, *P*). Sie zeichnen sich durch ovale Kerne aus, die die Zelle nach außen verwölben; gegenüber den Muskelzellen sind sie weniger reichlich mit Filamenten und Pinocytosebläschen ausgestattet.

Die *Innenfläche der Retina* wird von den breit ausgezogenen Innenplatten der Müllerschen Stützzellen (Abb. 26, *Mü*) gebildet. Das Cytoplasma dieser Gliazellen erscheint in dieser Zone außerordentlich dicht und ist mit feinen dichten parallel laufenden Filamenten durchsetzt. Daneben liegen vereinzelt große Mitochondrien im Plasma vor. An der inneren Oberfläche sind die plattenförmigen Stützzellausläufer untereinander verzahnt. Die Innenfläche der Retina ist von einer etwa 0,2 μ starken Basalmembran (*Mli*) überzogen, deren innere Schicht offenbar Einlagerungen von Filamenten enthält.

Vom Glaskörper (*Gl*) selbst sind elektronenmikroskopisch nur einzelne Faserzüge und dazwischen eingestreut, Klumpen eines granulierten Materials zu erkennen.

Besprechung

Die lichtmikroskopischen Untersuchungen der Hunderetina ergeben eine völlige Übereinstimmung der Schichtengliederung mit den aus dem Schrifttum bekannten Gegebenheiten bei anderen höher entwickelten Säugern. Eine angehende Zentralisation des nervösen Anteils läßt sich aus der bei allen untersuchten Tieren mehr oder weniger deutlich angetroffenen Ausbildung einer Area centralis ersehen. Diese Region zeichnet sich aus durch eine leichte Zunahme der Zahl der Zapfen gegenüber den Stäbchen, Verstärkung der plexiformen Schichten und der inneren Körnerschicht (s. auch Tabelle 2) und vor allem die erhebliche Zunahme der Zahl von Ganglienzellen. Demgegenüber sind Nervenfasern und Blutgefäße auf ein Minimum reduziert. Im Gegensatz zur Retina von Primaten liegt also keine Einbuchtung (Fovea), sondern im Gegenteil eine leichte Zunahme der Retinadicke vor. Die von J. Zürn (1902) und R. Brückner (1961) beobachtete Fovea externa dürfte demnach eine Artefaktbildung sein. Die Angaben zur Größe und Lage der Area centralis sind jedoch in etwa zutreffend. Das von J. Zürn beschriebene ausschließliche Auftreten von Zapfen in einem zentralen Areabereich kann nicht bestätigt werden; es standen allerdings für die vorliegenden Untersuchungen zwei der von ihm genannten Hunderassen (Rattler, russischer Windhund) nicht zur Verfügung. J. Zürn fand auch beim „Jagdhund" entsprechende Verhältnisse; bei einem von mir untersuchten Deutschen Kurzhaar waren sie jedoch ebenfalls nicht nachzuweisen. Ophthalmoskopisch ist die Area centralis wegen des geringen Unterschieds zur Umgebung wohl nur mit großen Schwierigkeiten festzulegen (s. auch M. Wyman und E. F. Donovan, 1965): am freipräparierten Augenhintergrund kann sie mit entsprechender Optik aufgrund des Nervenfaserverlaufs relativ leicht bestimmt werden.

Rassenbedingte Unterschiede sind weder in der Ausbildung der Area centralis noch der übrigen Retinabezirke zu beobachten. Da auch H. B. Parry (1953) bei einer großen Zahl von Hunderassen solche Unterschiede nicht nachweist, kann seiner Annahme beigepflichtet werden, daß auch bei Rassen, die sich bevorzugt mit dem Gesichtssinn orientieren, keine besondere Ausbildung der Retina vorliegt. Im gleichen Zusammenhang steht die Theorie von E. Menner (1939) über die Zunahme der Assoziationszentren und die Abnahme der Projektionszentren während der Domestikation. Ihre konsequente Anwendung auf die rassebedingten Unterschiede der Sehleistung ergibt, daß für sie nicht die Ausbildung der Retina oder des Auges schlechthin, sondern letztlich die Perzeptionsleistung der übergeordneten Zentren verantwortlich ist.

Gegen den Rand der Pars optica retinae hin nehmen die nervösen Elemente an Zahl und Umfang kontinuierlich ab. Es ergeben sich dabei keinerlei Unterschiede entsprechender Zonen im Tapetumbereich gegenüber dem pigmentierten ventralen Anteil. Einzelne Werte der Schichtdickenmessungen (s. Tabelle 2) stimmen mit den Angaben von J. Zürn (1902) und H. B. Parry (1953) überein; bei anderen ergeben sich jedoch erhebliche Unterschiede, wobei in der Gesamthöhe der Retina Abweichungen von 60—80% zu den bei J. Zürn, bis zu 100% zu den bei H. B. Parry angegebenen Zahlen bestehen. Eine Erklärung dafür kann in der unterschiedlichen Vorbehandlung des Materials vermutet werden. Es kann angenommen werden, daß die bei der vorliegenden Untersuchung angewandten Verfahren (Perfusion mit einem gepufferten Fixans, schonende Entwässerung, Einbettung in hochpolymeren Kunststoffen) genauere Ergebnisse bringen, als die von den genannten Autoren verwendeten Methoden. Wahrscheinlich ist auch die von E. Menner (1939) beobachtete „Schwammigkeit" der Retina beim Hund auf die Behandlung seines Untersuchungsmaterials zurückzuführen.

Die bald nach Einführung entsprechender Präparationsmethoden auch zu Beobachtungen an der Retina angewandte elektronenmikroskopische Technik hat eine Vielfalt von Ergebnissen über die Ultrastruktur ihrer Gewebskomponenten erbracht. So konnte F. S. Sjöstrand schon 1949 den Aufbau der Receptoraußenglieder aus Stapeln scheibchenförmiger Membranen klären.

Die in dieser Untersuchung für den Hund ermittelten Werte für die Dicke der Membranen, den Spaltraum innerhalb der Membranscheibchen und den Abstand der Scheibchen voneinander weichen etwas von dem von F. S. Sjöstrand und anderen Autoren (W. Lieb und H. Knauf, 1964; E. de Robertis, 1960; E. de Robertis u.a., 1965; W. Lerche, 1965, u.a.) angegebenen — untereinander auch nicht einheitlichen — Größen ab. Es dürfen dafür wohl weniger tierartliche Unterschiede als verschiedenartige Fixierungsmethoden verantwortlich zu machen sein. Insgesamt ergibt sich für das Außenglied eine weitgehende Übereinstimmung des Aufbaus mit dem bei anderen Säugerarten. Dies trifft insbesondere zu für die Stäbchen und die außerhalb der Area centralis angetroffenen Zapfen. Innerhalb der Area sind die Zapfenaußenglieder länger und zylinderförmig (Abb. 15) im Gegensatz zu den üblicherweise konisch zulaufenden Zapfenaußengliedern, die das Pigmentepithel (s. dort) nicht erreichen. Ähnlich wie bei den Stäbchen ist hier die Kante der Innenscheibchen zu einem im Schnitt ösenförmigen Rand-

wulst aufgeworfen. Einfaltungen der Außenmembran, die parallel zu den Innenscheibchen verlaufen, treten — wie von verschiedenen Autoren beschrieben —
nur in den Zapfenaußengliedern außerhalb der Area auf. Der Bau ihres Innengliedes und die Ausbildung der vom Pigmentepithel aufgefalteten Fortsätze, die
das Außenglied umgreifen, entsprechen wiederum den Verhältnissen bei den
übrigen Zapfen. Diese Receptoren stellen also eine Form dar, die typische Strukturelemente von Stäbchen und Zapfen vereint. Sie können aufgrund ihres Baues
und ihrer Lage dem von C. H. Pedler (1965), C. H. Pedler und R. Tilly (1965),
C. E. Dieterich und J. W. Rohen (1970) in der Fovea von Netzhäutchen bei
Rhesusaffen und Mensch beschriebenen Receptortyp gleichgestellt werden. Demnach kommen beim Hund wie bei Species, die eine Retina mit Fovea centralis
besitzen, drei Typen von Receptoren vor: Stäbchen, gewöhnliche Zapfen und
die Zapfen der Area bzw. Fovea centralis. Diese Formen entsprechen nicht den
verschiedenen Zustandsformen, die E. H. Leach (1963) mit lichtmikroskopischen
Verfahren ermittelt haben will.

Bei der Verbindung zwischen Außen- und Innenglied (Abb. 16) bilden das
Cilium (*VZ*) mit dem von ihm ins Stäbchenaußenglied strahlenden Mikrotubuli
(*MT*), das benachbarte Centriol (*Ce*) und die in Richtung der äußeren Grenz-
membran laufenden Wurzelfibrillen (*WF*) wohl eine funktionelle Einheit. Hierin
in Analogie zu vergleichbaren Strukturen (Kinocilien, Bewegungsapparat von
Spermien) eine Einrichtung für die Bewegung der Außenglieder zu sehen, ist zunächst naheliegend. Es erscheint jedoch der Einwand von W. A. Lieb und H.
Knauf (1964) berechtigt, die die im Verbindungscilium fehlenden zentralen Tubuli
für eine „conditio sine qua non" für die Beweglichkeit halten. Es handelt sich also
bei diesem Komplex wohl um eine nur von der Entwicklung her verständliche
Anlage, die keine Bewegungsfunktion ausübt. Von entscheidender Bedeutung ist
das Verbindungscilium jedoch für die Übertragung der im Außenglied erzeugten
Erregung und für die Fortleitung von hochmolekularen Verbindungen aus dem
Innen- in das Außenglied (R. W. Young, 1969). Nicht zuletzt werden diese
Stoffe für die Neubildung von Membranen benötigt, die nach den Untersuchungen von R. W. Young und D. Bok (1969) an der Receptorspitze laufend abge-
baut werden.

Die Innenglieder der Receptoren scheinen für die Synthese solcher Stoffe
bestens geeignet. Sie sind angefüllt mit Zellorganellen wie Mitochondrien, Golgi-
Apparat und ER. Dabei sind das Golgi-Feld und der größte Teil des ER immer
im inneren Abschnitt (Myoid), die Mitochondrien in der Mehrzahl im äußeren
Teil (Ellipsoid; s. auch H. Klug und P. Lommatzsch, 1967) eingelagert. Daneben
finden sich im gesamten Innenglied die erwähnten Wurzelfibrillen, die an der
Membrana limitans externa enden und Mikrotubuli, die, wie auch T. Kuwabara
(1965) beobachtet, in den Receptorzellen über den Kernbereich hinaus bis in die
äußere plexiforme Schicht zu verfolgen sind. Unterschiede der Querstreifungsperiodik in den Wurzelfibrillen von Zapfen und Stäbchen, wie sie C. E. Dieterich
und J. W. Rohen (1970) beim Menschen beschreiben, sind beim Hund nicht
gegeben.

Der innerste Teil des Außengliedes wird bei allen Receptortypen von einem
breiten, fast umlaufenden Cytoplasmafortsatz überlappt (Abb. 22, *L*). Dadurch
kommt das Verbindungscilium in eine nischenartige Ausbuchtung der Innenglied-

spitze zu liegen. Diese Bildung dürfte der von A. I. Cohen (1961) als „calyx-like arrangement" beschriebenen Anordnung entsprechen.

Das zwischen den Receptoren als fädige oder granulierte Einlagerungen beschriebene lockere Material muß als fixierungsbedingte Ausfällungen einer umfangreichen Intercellularflüssigkeit angesehen werden. H.-A. Hansson (1970) stellt entsprechende Niederschläge auch mit dem Rasterelektronenmikroskop fest; K. Müller-Jensen (1956) weist hier saure Mucopolysaccharide nach, denen wohl eine Vermittlerrolle im Stoffaustausch zwischen Pigmentepithel und Receptoren (außerhalb der direkten Kontaktstellen) zugesprochen werden muß.

Die Kernbezirke der Receptorzellen sind nahezu frei von Zellorganellen; die enge Lagerung der Kerne, eingeengt noch durch die durchlaufenden Fasern, macht wohl eine Beschränkung des Perikaryons auf einen schmalen Cytoplasmasaum (oft weniger als 500 Å bei Stäbchenkernen) notwendig. In der äußeren plexiformen Schicht sind in allen Abschnitten der Retina nur zwei Synapsentypen zu beobachten.

a) Der einfacher gebaute Typ (Abb. 20, 21) gleicht zumindest in den wesentlichen Strukturanteilen der von F. S. Sjöstrand (1953, 1954, 1958, 1961, 1965) als α-Zellsynapse, von anderen Untersuchern (E. de Robertis und C. M. Franchi, 1956; A. L. Ladman, 1958; A. I. Cohen, 1963, 1965; L. Missotten, 1960, 1961, 1965) als Stäbchensynapse, von H. Becher (1958) als monosynaptischer Typ und von C. H. Pedler (1965) als „sensitive single-channelcell synapse" bezeichneten Form.

Es ergibt sich dabei jedoch ein durchaus uneinheitliches Bild hinsichtlich Zahl und Herkunft der invaginierten Zellfortsätze, der Anordnung der Zellorganellen und der Funktion interreceptorischer Kontaktstellen.

Die vorliegenden Untersuchungen wurden mit Hilfe von umfangreichen Schnittserien durchgeführt und sind deshalb mit allen Mängeln behaftet, die C. H. Pedler und R. Tilly (1965) bei Rekonstruktionsversuchen ähnlicher Art erwähnen: Substanzverlust beim Schneiden, Schwierigkeiten beim Verfolgen einzelner Querschnitte und ihrer Zuordnung aufgrund fehlender Bezugspunkte, im Verhältnis zum Faserquerschnitt zu große Schnittdicke usw.; die Auswertung mehrerer Serien ergibt jedoch folgendes Bild: In den präsynaptischen Endabschnitt der Stäbchenzelle sind drei Fortsätze eingestülpt. Zwei davon, die mit leicht gebogenem Verlauf und ohne seitliche Ausfaltungen nur eine kurze Strecke weit in den präsynaptischen Abschnitt eindringen, weisen auch im Inneren eine übereinstimmend lockere Plasmastruktur ohne weitere charakteristische Einlagerungen auf (Abb. 20, *BZ*). Eine Vereinigung der beiden Fortsätze außerhalb der Synapse wird nicht beobachtet.

Der dritte Fortsatz (*HZ*) weitet sich nach Eintritt in das Endknöpfchen des Receptors seitlich aus, umgreift die beiden anderen Ausläufer und endet mit einem gegabelten Lappen, der auch deren Spitzen umschließt. Sein Cytoplasma enthält, zumindest stellenweise, vesiculäre Elemente in der Art von synaptischen Bläschen. Von seiten des präsynaptischen Abschnittes lagert sich diesem gelappten Fortsatz das gebogene Synapsenband (*SB*) so an, daß seine Innenkante, die mit einer kappenförmigen Verdichtung („arciform density" nach A. L. Ladman, 1958) überzogen ist, in der Kerbe zwischen den beiden Endaufzweigungen des Fortsatzes verläuft.

Im präsynaptischen Cytoplasma liegen regelmäßig Mitochondrien und zahlreiche Bläschen; zusätzliche Synapsenbänder mit wechselnder Länge und Lage und kugelige Einlagerungen von ähnlicher Elektronendichte (Abb. 21) werden häufig beobachtet. Membranverdichtungen (MV) von der Art synaptischer Membranen können an allen Kontaktstellen zwischen Receptorzelle und postsynaptischen Fortsätzen angetroffen werden; daneben werden gelegentlich Membranverdichtungen an Kontaktstellen zwischen benachbarten Receptoren beobachtet.

Die größte Schwierigkeit bei der Strukturanalyse von Receptorsynapsen bildet, wie auch das zitierte Schrifttum zeigt, die Zuordnung der postsynaptischen Elemente, da es offenbar wegen des abgeknickten Verlaufs der Fortsätze kaum möglich ist, sie bis zu ihren Ursprungszellen zu verfolgen.

Es kann jedoch nach den Untersuchungen von W. K. Stell (1965a) als gesichert gelten, daß der von F. S. Sjöstrand als „synaptische Vacuolen", von A. I. Cohen als bläschenhaltiger Fortsatz bezeichnete, tief in den postsynaptischen Anteil eindringende, gelappte Zellausläufer von einer Horizontalzelle stammt. Dieser Fortsatz enthält regelmäßig synaptische Bläschen; in jedem Fall lagert sich ihm das Synapsenband an. In einigen wenigen Fällen enthielt er ein umfangreiches Einschlußkörperchen mit komplizierter Gitterstruktur, wie es in ähnlicher Form und Lage von M. Radnot und B. Lovas (1967, 1968), C. E. Dieterich und J. W. Rohen (1970) bei Mensch und Rhesusaffe und von R. Hebel (1970) beim Hund beschrieben wird.

Die beiden anderen invaginierten Fortsätze weisen keine strukturellen Besonderheiten auf; da eine Vereinigung der beiden Fortsätze in ihrem Verlauf in der äußeren plexiformen Schicht in keinem Fall beobachtet werden konnte, muß angenommen werden, daß sie von zwei verschiedenen bipolaren Zellen stammen. Die von L. Missotten (1965) in entsprechenden Bipolarfortsätzen gefundenen schraubig angeordneten Tubuli wurden hier nie beobachtet. Die unterschiedlichen Zahlenangaben im Schrifttum über die an einer Stäbchensynapse beteiligten Fortsätze dürften zum Teil auf eine falsche Interpretation der von seiten des präsynaptischen Cytoplasmas zwischen diese Ausläufer eingeschobenen Einfaltungen zurückzuführen sein (Abb. 20, 21, F). Ihre Querschnitte sind ebenfalls nur geringfügig strukturiert, stehen jedoch in keinem Fall mit einer postsynaptischen Strecke in kontinuierlichem Zusammenhang; ihr Ursprung im präsynaptischen Cytoplasma konnte in mehreren Schnittserien nachgewiesen werden.

Je nach Schnittrichtung bieten diese verschiedenartigen Querschnitte innerhalb des Endknöpfchens ein sehr unterschiedliches Bild; doch lassen sich alle diese Schnittbilder bei entsprechender Einordnung auf die am Modell gezeigten Verhältnisse zurückführen. Unter diesem Gesichtspunkt erscheint die von F. S. Sjöstrand (1965) vorgeschlagene Unterteilung von vier Typen von α-Zellsynapsen unnötig.

Die Receptorzellen, deren Kerne die innerste Reihe der äußeren Körnerschicht bilden, besitzen meist kein synaptisches Endknöpfchen (Abb. 21a). Bei ihnen sind die postsynaptischen Zellfortsätze direkt in den apikalen Perikaryonbereich invaginiert, wobei die gleiche Anordnung wie bei den übrigen Receptoren eingehalten wird. Diese Form der Synapse leitet sich von der Bildung der ersten Synapsen beim Jungtier her und wird wohl aus Gründen der Raumeinteilung auch später beibehalten. Deshalb ist sie nicht, wie E. de Robertis und C. M.

Franchi (1956) annehmen, als eine spezielle Form der Synapse („somato-dendritische Synapse"), sondern lediglich als Modifikation der Stäbchensynapse mit völlig übereinstimmender Funktion anzusehen.

b) Die Aufklärung der Zusammensetzung der Zapfensynapse bietet aufgrund der großen Zahl der beteiligten Zellfortsätze weitaus größere Schwierigkeiten als die der Stäbchensynapse und kann mit den gegenwärtig zur Verfügung stehenden Mitteln wohl nicht wesentlich über den von C. H. Pedler und R. Tilly (1965) und L. Missotten (1965) erarbeiteten Stand hinaus fortgeführt werden.

So entspricht die ermittelte Zahl von etwa 70—80 postsynaptischen Fortsätzen in etwa den Ergebnissen von C. H. Pedler und R. Tilly. In keinem Fall konnte einer der Fortsätze bis zu seiner Ursprungszelle verfolgt werden; diese Tatsache ist vermutlich auf den auch von den genannten Autoren beobachteten horizontal divergierenden Verlauf dieser Fortsätze zurückzuführen. Die Anordnung der invaginierten Fortsätze weicht jedoch von den Befunden bei anderen Species zum Teil erheblich ab. Der größte Teil der Fortsätze lagert sich, dicht gepackt, der Oberfläche des Synapsenkolbens an oder dringt nur ein kurzes Stück in ihn ein, wobei es gelegentlich zu der von L. Missotten (1965) beschriebenen Triadenbildung kommt. Andere Fortsätze schieben sich, oft unter Verzweigung, tief in den synaptischen Kolben ein, wobei sie meist weder einen Kontakt untereinander eingehen, noch Synapsenbänder in ihrer Nachbarschaft auftreten. In jeder Höhe sind in einzelnen Anschnitten von Invaginationen Synapsenbläschen zu erkennen; eine Gesetzmäßigkeit über die Verteilung solcher Fortsätze läßt sich jedoch nicht ableiten.

Gelegentlich werden im präsynaptischen Cytoplasma stabförmige oder kugelige Verdichtungen mit ähnlicher Elektronendichte wie die der Synapsenbänder in einer meist regelmäßigen Anordnung angetroffen. Sie dürften den von E. M. Evans (1966) beim Huhn als parallele „fingerartige" Verdichtungen beschriebenen Bildungen entsprechen.

Mitochondrien liegen meist im äußeren Teil des Synapsenkolbens. In einigen Fällen wurde eine enge Zusammenlagerung von mehreren Mitochondrien etwa im Zentrum des Kolbens beobachtet. Diese Besonderheiten sind nicht an einen bestimmten Bezirk der Retina gebunden. Es konnten darüber hinaus keine Struktureigentümlichkeiten etwa der Zapfensynapsen in der Area centralis gefunden werden, wie sie C. E. Dieterich und J. W. Rohen (1970) in Form von Filamentenbündeln in fovealen Receptoren beschreiben. Auch die von den gleichen Autoren in extrafovealen Zapfensynapsen beobachteten Granulakomplexe waren nicht nachzuweisen.

Interreceptorische Synapsen, wie sie F. S. Sjöstrand (1958, 1965) vor allem zwischen α- und β-Synapsen, C. E. Dieterich und J. W. Rohen (1970) nur zwischen synaptischen Zapfenendkolben beschreiben, kommen beim Hund offenbar sehr selten vor. Beide Receptortypen können vereinzelt untereinander solche Oberflächenkontakte (Abb. 20, *IR*) mit Verdichtungen der Membran eingehen, ohne daß sich dabei eine weitere Gesetzmäßigkeit ablesen ließe. Da A. I. Cohen (1965) den synaptischen Charakter solcher Kontaktstellen bezweifelt, sollte die Möglichkeit einer geordneten Erregungsübertragung an diesen Stellen nicht zu hoch bewertet werden.

5*

Die Perikarya der inneren Körnerschicht lassen sich aufgrund ihrer Einlagerungen, ihrer Form und des typischen Kernbildes mit großer Sicherheit den hier vertretenen Zelltypen zuordnen.

Die Horizontalzellen zeichnen sich durch einen großen, nahezu homogen strukturierten Kern mit großem Nucleolus aus. Das Cytoplasma des Kernbezirkes enthält zahlreiche Mitochondrien, ein Golgi-Feld, granuliertes und agranuläres ER, freie Ribosomen und — vor allem in die Fortsätze einstrahlend — Neurotubuli. Als charakteristisch für diese Zellart können die zuletzt von C. E. Dieterich (1969) beschriebenen Röhrchenaggregate angesehen werden, die den von W. Kolmer (1936) entdeckten Kristalloiden entsprechen.

C. E. Dieterich bringt diese Tubuli mit dem Auftreten von „dense core vesicles" in Beziehung, die nach C. E. Dieterich und J. W. Rohen (1970) auch in Fortsätzen dieser Zellen auftreten, die an Stäbchensynapsen beteiligt sind. Bläschen dieser Art treten beim Hund in zwei Variationen auf: innerhalb eines Fortsatzes in größerer Zahl (Durchmesser von 700—1 200 Å) in breiten Faserquerschnitten, die in den beiden plexiformen Schichten liegen und vereinzelt (Durchmesser 600 Å) in dünnen Fortsätzen in der inneren plexiformen Schicht (Abb. 23, *DV*). Beide Arten von Zellausläufern sind in keinem Fall direkt an einer Synapsenbildung beteiligt. Weder in Horizontal- noch in amacrinen Zellsomata werden solche Bläschen beobachtet. A. Pellegrino de Iraldi und G. J. Etcheverry (1967) und A. Leure-Du Prée (1968b) stellen ähnliche Größenunterschiede solcher Einschlüsse in verschiedenen Zonen der Retina fest und weisen wie T. Malmfors (1963) diesen Strukturen eine Rolle bei der Speicherung von Monoaminen und im Stoffwechsel der Katecholamine zu. Es liegt nahe, diese Befunde mit den von J. Häggendal und T. Malmfors (1963), B. Ehinger (1966) und B. Ehinger und B. Falck (1969) in verschiedenen Schichten der Retina nachgewiesenen adrenergischen Fasern zu identifizieren. Da solche Fasern jeweils nur von einzelnen Zellen stammen und in der äußeren plexiformen Schicht nur selten auftreten, erscheint es bedenklich, solche Befunde als allgemeingültig für alle amacrinen oder Horizontalzellen anzusehen. Dessen ungeachtet kann den Horizontalzellen wegen ihrer charakteristischen Einlagerungen (Tubulusaggregate, Neurotubuli, Synapsenbläschen und kristalline Einschlußkörperchen in den Endaufzweigungen) in Übereinstimmung mit C. E. Dieterich und J. W. Rohen (1970) eine besondere Rolle in der synaptischen Übertragung eingeräumt werden. Die von G. M. Villegas (1961) in Erwägung gezogene gliöse Natur der Horizontalzelle ist nicht zu begründen.

Der Kern der bipolaren Zellen (*BZ*) zeigt eine gröbere Chromatinverteilung und ungleichmäßige Dichte des Kernmaterials in verschiedenen Zellen. Das umgebende Cytoplasma ist locker strukturiert und enthält, dem inneren oder äußeren Pol des Kernes angelagert, zahlreiche Zellorganellen (Golgi-Feld, Centriolen, Mitochondrien, ER und freie Ribosomen). Ihre Fortsätze sind mit Neurotubuli ausgestattet. Mehrmals konnten im Kernbezirk der bipolaren und amacrinen Zellen Anlagen beobachtet werden, die der Basis von Kinocilien entsprechen. Dabei ist ein Centriol senkrecht zur Zelloberfläche eingestellt, die sich seitlich in Form eines umlaufenden Grabens leicht einsenkt. Das Cilium selbst besteht offenbar nur aus einem kurzen Stumpf; Wurzelfibrillen sind nicht angelegt. M. Radnot u.a. (1968) und R. A. Allen (1968) beschreiben ähnliche Cilienanlagen an Amacrinen, Bipolaren und Ganglienzellen. Da eine Eigenbeweglichkeit dieser Bildungen nicht angenommen werden kann, müssen sie als ein Relikt der embryonalen Entwicklung aller Retinazellen aus dem Neuroglioblasten des inneren Retinablattes angesehen werden. Wie die Ausbildung der Receptoraußenglieder aus ähnlichen Cilienanlagen zeigt, ist zumindest einem Teil der Abkömmlinge dieser Zellschicht die Fähigkeit zur Cilienbildung eigen.

Amacrine Zellen besitzen einen locker strukturierten Kern mit tiefen, vorwiegend an der vitrealen Seite auftretenden Einbuchtungen. Auf der gleichen Seite der Zellen treten ein ausgedehntes, offenbar sehr aktives Golgi-Feld und andere Zellorganellen in Erscheinung. Die parallel zur Zelloberfläche angeordneten dichten Membranen, die mehrmals auftraten, sind vermutlich mit der von L. Missotten (1965) beschriebenen geraden „schwarzen Linie" identisch. Aufgrund fehlender Vergleichsmöglichkeiten kann über die Funktion dieser Bildung nichts ausgesagt werden.

Während die Neuriten der bipolaren Zellen mit Hilfe von Schnittserien weitgehend erfaßt werden können, ist die Verfolgung der Fortsätze amacriner Zellen wegen ihrer horizontal divergierenden Verbreitung nicht möglich. Beide Faserqualitäten zeichnen sich jedoch durch typische Strukturmerkmale aus, die ihre Unterscheidung bzw. Abgrenzung von den Dendriten der Ganglienzellen ermöglicht. Nach den von J. E. Dowling und B. B. Boycott (1965) erarbeiteten Angaben besitzen nur die kolbenartigen Endigungen der bipolaren Zellen (Abb. 22) Synapsenbänder bei gleichmäßig im Cytoplasma verteilten Synapsenbläschen und wenigen Mitochondrien. In den Fortsätzen amacriner Zellen (Abb. 23) fehlen Synapsenbänder und die synaptischen Bläschen sind zu Haufen zusammengefaßt. Die Ganglienzellausläufer beinhalten reichlich Mitochondrien, ER und freie Ribosomen, jedoch keine Synapsenbläschen. Diese Struktureigentümlichkeiten werden von anderen Autoren bestätigt (G. Raviola und E. Raviola, 1967, u.a.) und auch bei den vorliegenden Untersuchungen wurden sie beobachtet. Sie bieten deshalb einen Anhaltspunkt für die Zuordnung der in der inneren plexiformen Schicht auftretenden Synapsenformationen. Danach können mehrere Typen von Synapsen (Abb. 22—24) unterschieden werden:

a) Synapsen, an deren Bildung Synapsenbänder beteiligt sind. Sie treten in 3 Formen auf.

1. Der präsynaptischen bipolaren Zelle sind je ein amacriner und ein Ganglienzellfortsatz oder zwei amacrine Zellausläufer als postsynaptische Abschnitte angelagert (Dyade).

2. Dem präsynaptischen bipolaren Anteil lagern sich zwei Ganglienzelldendriten und zwischen ihnen ein Fortsatz einer amacrinen Zelle an.

3. In einer Dyade bildet der amacrine Fortsatz in geringer Entfernung von der Synapsenstruktur, bei der die bipolare Zelle als präsynaptischer Teil wirkt, eine weitere Synapse aus, an der die bipolare Zelle als postsynaptischer Abschnitt beteiligt ist (reziproke Synapse).

b) Die Fortsätze von Nervenfasern können untereinander ohne Ausbildung eines Synapsenbandes in Kontakt treten. Bei diesen einfachen Synapsen wird der präsynaptische Abschnitt immer von einer amacrinen Zelle gebildet, als postsynaptische Strecke treten bipolare, Ganglien- oder andere amacrine Zellen auf.

Diese genannten Synapsentypen können zum Teil mit den aus dem Schrifttum bekannten Formen in Übereinstimmung gebracht werden. Die Dyadenform und die der reziproken Synapse werden bei J. E. Dowling und B. B. Boycott (1965) und von G. Raviola und E. Raviola (1967) beschrieben, die dritte Form mit drei postsynaptischen Fortsätzen und zwei Synapsenbändern ist einer Anordnung vergleichbar, die M. W. Dubin (1970) bei Frosch und Taube nachweist.

Bei den einfachen Synapsenformen, die M. Kidd (1962) als herkömmliche („conventional") Form bezeichnet, ergeben sich Widersprüche zu den Befunden von J. E. Dowling und B. B. Boycott, da (s. auch G. Raviola und E. Raviola, 1967) keine Synapsen zwischen bipolaren oder amacrinen Fortsätzen und den Perikarya einer der beteiligten Zellarten vorliegen (axo-somatische Synapsen).

Invaginationen von feinen mikrovilliartigen Fortsätzen an Synapsen zwischen 2 amacrinen Zellen wurden mehrfach beobachtet (Abb. 23, S) und entsprechen der Form nach vermutlich der von M. Kidd (1962) als „spine synapse" bezeichneten Bildung.

Auf die beschriebene Weise wird zwar ein großer Teil der Synapsen der inneren plexiformen Schicht erfaßt und zugeordnet, in Schnittserien können darüber hinaus die synaptischen Kontakte einzelner Neuriten gezählt werden, doch geben diese Befunde ohne Zweifel nur einen groben Überblick über die sicherlich weitaus komplizierteren Gegebenheiten.

Die Zellen des Ganglion opticum bieten in Größe und Ausbildung der Perikarya ein durchaus uneinheitliches Bild. S. Polyak (1941) leitet aus Imprägnationsbildern eine Reihe von Typen ab, von sehr kleinen, monosynaptischen bis zu den Riesenganglienzellen, deren Dendriten ein großes Gebiet der inneren plexiformen Schicht überspannen. H. B. Parry (1953) unterscheidet beim Hund lediglich große und kleine Zellen, wobei er die großen den Riesenzellen und mittelgroßen Formen Polyaks gleichsetzt. A. Abraham (1960) hält die Ganglienzellen (u. a. des Hundes) für eine funktionell einheitliche Zellpopulation und wendet sich damit gegen die Ansicht von H. Becher (1954) und H. Knoche (1960), die in kleineren Formen vegetative Zellen sehen.

In der vorliegenden Untersuchung ergab die Messung der Durchmesser von Kern und Perikaryon der Opticusganglien zwar eine grundsätzliche Einteilung in vier Größenordnungen, doch lassen die zahlreichen Zwischengrößen eine echte Typisierung m. E. nicht zu. Besonders die großen Formen gleichen in ihrer Innenstruktur der Vorstellung von Neuronen auch anderer Bereiche des ZNS (s. auch P. Walter und H. Goller, 1967). Sie zeichnen sich aus durch einen locker strukturierten, runden Kern mit großem exzentrisch gelagerten Nucleolus und ein umfangreiches Perikaryon, dessen Cytoplasma mit zahlreichen Zellorganellen (Mitochondrien, ER, Golgi-Felder, Lysosomen, freie Ribosomen) angefüllt erscheint. Das z. T. wesentlich spärlichere Perikaryon der kleineren Zellformen der Ganglienzellschicht enthält solche Organellen in entsprechend geringerem Umfang, doch können auch sie, wegen ihrer im übrigen typischen Struktur, als Nervenzellen angesehen werden. Inwieweit die von A. Abraham (1960) bestrittene Ansicht von H. Becher (1954) und H. Knoche (1960) über die vegetative Natur der kleineren Zellen zu Recht besteht, kann anhand der vorliegenden Untersuchungen nicht beurteilt werden; berücksichtigt man jedoch die relativ große Zahl mittelgroßer und kleiner Zellen, so erscheint zumindest ihre generelle Zuordnung zum vegetativen System als unberechtigt.

Die retinale Glia wird durch zwei Zellformen repräsentiert, die beide als Modifikationen zentralnervöser Astrocyten anzusehen sind, die Müllerschen Stützzellen und vereinzelte, vorwiegend in der Zentralregion der Retina auftretende Astrocyten. Die Gliafunktion wird im wesentlichen von den Müllerschen Stützzellen übernommen, die sich vom interreceptorischen Raum bis zur inneren Oberfläche der Retina erstrecken. Ihre äußeren Pole bilden durch Umgreifen mehrerer Receptorinnenglieder und Ausbildung von zonulaartigen Haftkomplexen untereinander und mit den Receptoranteilen die „Membrana" limitans externa. Diese Haftkomplexe bestehen zum einen aus den von M. Spitznas (1970) und J. B. Sheffield und D. A. Fishman (1970) beschriebenen Zonulae adherentes, bei denen die beteiligten Membranen einen gewissen Abstand einhalten und Abschnitten, an denen die Oberflächen engen Kontakt aufnehmen, wobei der Intercellularspalt auf ein Minimum reduziert wird.

Da an Querschnitten die letztgenannte Anordnung nicht in allen Schnitten regelmäßig auftritt, mag bezweifelt werden, daß hier die nach G. Raviola et al. (1966) beiderseits der Zonula adhaerens auftretenden Zonulae occludentes vorliegen; nach den genannten Befunden scheint es sich dabei eher um unregelmäßig angeordnete maculaartige Haftzonen zu handeln.

Das dicht gefügte Plasma der Müllerschen Zellen ist arm an Zellorganellen. Sie liegen vor allem in den äußeren Zonen und im Perikaryon neben granulären und tubulösen oder vesiculären Elementen, während die Innenzonen (Abb. 26) mit dichten Zügen feiner Gliafilamente angefüllt erscheinen. Flach ausgezogene, membranartige Fortsätze umhüllen die Perikarya und Ausläufer der neuralen Elemente (nach G. Raviola et al., 1966 10—15 Receptorzellen) und deren Synapsen und legen sich andererseits den Gefäßgrundhäutchen breitflächig als Membrana gliae perivascularis an. Ihre „inneren Füße" — konisch zulaufende Verbreiterungen — bilden mit ihren untereinander verzahnten Platten die Innenfläche der Retina. Diese „Fußplatten" erscheinen lichtmikroskopisch als durchlaufende Schicht, die häufig als Membrana limitans interna bezeichnet wird. C. H. Pedler (1961) wendet diese Bezeichnung lediglich auf eine innen aufliegende, retikulinhaltige Schicht an, die sich nach elektronenmikroskopischen Untersuchungen als Basalmembran mit eingelagerten Fibrillen erweist (A. J. Ladmann, 1961; J. Gärtner, 1962). Dieser Basalmembran-Fibrillenkomplex soll nach J. Gärtner wegen seiner engen Beziehungen zum Glaskörper als vitro-retinale Grenzschicht gesehen und eher als Membrana hyaloidea bezeichnet werden. Gegen eine solche Zuordnung spricht die Tatsache, daß beim Aufbau von Basalmembranen im allgemeinen sowohl das epitheliale als auch das Bindegewebe beteiligt sind (s. W. Bloom und D. W. Fawcett, 1968). Die schon sehr früh angelegte Grenzschicht dürfte analog dazu einerseits von glaskörpernahen neuroepithelialen Zellen der Retina, andererseits von den nach W. Lerche und K.-G. Wulle (1968) frühzeitig in den Augenbecher einwandernden Mesenchymzellen gebildet werden. Es erscheint demnach nicht sinnvoll, einerseits eine neue Bezeichnung einzuführen, andererseits die nach außen nicht exakt abgrenzbaren Anteile der Müllerschen Stützzellen als ein Teil der inneren Grenzmembran einzubeziehen.

Die Bezeichnung Membrana limitans interna sollte deshalb in Übereinstimmung mit C. H. Pedler (1961) lediglich auf die Basalmembran angewandt werden.

Auf die Gegend um die Papilla optica beschränkt tritt in geringer Zahl eine zweite Art von Gliazellen (Abb. 25) auf, die mit den Müllerschen Stützzellen die Ausbildung breiter Cytoplasmasepten gemeinsam haben. Sie lagern sich bevorzugt an den Gefäßen der inneren Retinaschichten an, wobei ihre Kontaktflächen tiefe Einfaltungen aufweisen können. Häufig schickt die gleiche Zelle Septen zwischen die Axone der Nervenfaserschicht, die in diesem Bereich bereits einen breiten Raum einnehmen. Da sie im Cytoplasma keine oder nur spärlich Filamente aufweisen, können sie nach den von K. Fleischhauer (1958), E. Horstmann und H. Meves (1959), J. Wolff (1965) und J. N. Shively et al. (1970) erwähnten Kriterien als protoplasmatische Astrocyten angesehen werden. Ihre Funktion liegt wohl vorwiegend in einer Versorgung der in dieser Zone der Retina schon relativ weit vom Perikaryon der Ursprungszellen entfernten Axone.

Die von J. R. Wolter (1961) erwähnte perivasculäre Glia und die von J. N. Shively et al. (1970) als Faserastrocyten und als Mikroglia bezeichneten Zellformen konnten nicht nachgewiesen werden.

Sowohl im Hinblick auf Lage und Verlauf, als auch den Wandbau der Blutgefäße, können die Befunde von R. L. Engermann et al. (1966) durchwegs bestätigt werden. Nach der reichlichen Versorgung mit Gefäßen, die bis an die äußere plexiforme Schicht heranreichen, ist die Retina des Hundes als holangiotisch zu bezeichnen. Der Wandbau der Arteriolen, Venolen und Capillaren weist keine Besonderheiten gegenüber den aus dem Schrifttum bekannten Befunden auf. Dabei sind in den Endothelzellen die von M. Shakib und J. G. Cunha-Vaz (1966) beschriebenen engen Kontakte aneinandergrenzender Oberflächenmembranen in Form von Zonulae occludentes und die von F. Giacomelli et al. (1970) beobachteten, contractilen Filamentbündel im Cytoplasma besonders zu erwähnen. Es entsteht dadurch, zusammen mit der Ausbildung eines umfangreichen Grundhäutchensystems das Bild einer Gefäßversorgung, die in besonderem Maße an die physiologischen Gegebenheiten (Einhaltung eines möglichst gleichmäßigen Drucks), aber auch an außergewöhnliche Belastungen (s. M. Shakib und J. G. Cunha-Vaz, 1966) angepaßt erscheint.

Die Besprechung der morphologischen Befunde der Retina ergibt eine Übersicht über den überaus komplizierten Aufbau dieses Teils des Sehorgans, wobei bereits einige Schwerpunkte des Funktionsablaufs angedeutet werden.

So wird das System geschichteter Membranen in den Außengliedern, deren Aufbau von F. S. Sjöstrand (1949, 1953, 1961) aufgezeigt wurde, allgemein als Ort der Umsetzung von Lichtenergie in Erregung angesehen; ein Vorgang, der an einen komplexen chemischen Reaktionsablauf gebunden ist (G. Wald, 1961; H. J. A. Dartnall und J. N. Lythgoe, 1965: E. W. Abrahamson und A. D. Bangham, 1967). In seiner Folge tritt eine Depolarisierung des Membranpotentials am Plasmalemm ein, die als Erregung über die Synapsen der äußeren plexiformen Schicht an das II. Neuron und über die innere plexiforme Schicht an das III. Neuron weitergeleitet werden kann.

Die Unübersichtlichkeit der neuronalen Verknüpfungen erklärt sich aus den Anforderungen, die Adaptation, Farben-, Formen- und Bewegungssehen an die räumliche Aufgliederung dieses zunächst einfach erscheinenden Funktionsschemas stellen. Aus der Vielfalt der vorhandenen synaptischen Kontakte ist deshalb die vielfach vertretene Auffassung (R. Granit, 1936; S. L. Polyak, 1941) über einen direkten Erregungsablauf (1:1:1-Kontakt von Receptor-bipolarer-Ganglienzelle) auch für den zentralen Retinabereich abzulehnen (s. auch C. H. Pedler, 1965; C. H. Pedler und R. Tilly, 1965; C. E. Dieterich und J. W. Rohen, 1970). Weder die technischen Möglichkeiten der Morphologie noch andere erlauben es z.Zt. eine auch nur annähernd vollständige Konzeption der Wege des Erregungsablaufs zu erkennen. Eine wichtige Rolle bei der funktionellen Deutung morphologischer Befunde kommt der vorwiegend mit elektrophysiologischen Versuchsanordnungen erarbeiteten Forderungen nach einem hemmenden Mechanismus zu, der an einer Steigerung des Bildkontrastes und einer retinalen Adaptation maßgeblich beteiligt ist (H. Autrum, 1952; W. D. Gleser, 1965; R. Granit und K. Tansley, 1948). Als morphologische Einheiten für den Ablauf der Hemmung werden einerseits die Receptoren selbst (O. Kuhn, 1960; J. E. Dowling, 1960) andererseits die horizontalen Elemente unter den retinalen Neuronen, also amacrine und Horizontalzellen gesehen (R. Granit und K. Tansley, 1948; H. Autrum, 1952). Während im ersten Fall eine Steuerung innerhalb der in den Receptoren ablaufenden chemischen Reaktionen liegt, sind die Synapsen der inneren und äußeren plexiformen Schicht die Angriffspunkte der horizontal ausgebreiteten Retinazellen. Im Falle der Stäbchensynapse wirkt eine solche Möglichkeit sehr einleuchtend angesichts der Tatsache, daß der Fortsatz der Horizontalzelle die Ausläufer der bipolaren Zellen weitgehend umgibt und damit geeignet erscheint, sowohl die präsynaptische als auch die postsynaptische Strecke zu beeinflussen. Ähnliche Anordnungen sind in den Triaden der Zapfensynapsen aber auch in verschiedenen Synapsentypen der inneren plexiformen Schicht, an denen die amacrinen Zellen beteiligt sind, gegeben. J. E. Dowling (1967) vermutet vor allem in den reziproken Synapsen zwischen bipolaren und amacrinen Zellen ein inhibitorisches „feedback"-System, das die bipolare Zelle proportional zum Ausmaß ihrer Erregung hemmt. In beiden plexiformen Schichten entsteht so die Möglichkeit, innerhalb des Ausbreitungsgebietes der jeweiligen horizontalen Elemente eine zeitweilige und lokal begrenzbare Hemmung der Erregungsübertragung durchzuführen. Den Horizontal- und amacrinen Zellen kommt demnach vermutlich eine Funktion zu, die W. D. Gleser (1965) bei der Untersuchung sog. Receptorfelder beobachtet: es wird hier „beim Übergang von geringer zu intensiver Beleuchtung eine Umwandlung vollzogen, die in einem Ausgleich der Erregung durch Hemmung besteht; im Bereich des Abfalls der Belichtung verursachen die Receptorenfelder eine Betonung der Konturen des Bildes". Es ist dabei nicht anzunehmen, daß die in zwei „Etagen" angeordneten horizontalen Zellelemente gleichartige Funktionen ausüben, sondern daß die verschiedenen Aufgaben wie Unterdrückung des optischen Rauschens, Kontraststeigerung und Adaptation auf jeweils eine Zellart verteilt sind.

Als morphologisches Substrat der inhibitorisch wirkenden Substanz sind die in den Endverzweigungen von amacrinen und Horizontalzellen vorliegenden vesiculären Elemente anzunehmen. Während in den amacrinen Zellen nach histochemischen Befunden von G. Viale und G. Apponi (1961), C. W. Nichols und G. B. Koelle (1967, 1968) und A. E. Friess (1970) die Acetylcholinesterase als inhibitorisch wirkender Transmitter angenommen werden kann, ist in den Horizontalzellen eine solche Substanz bisher nicht nachzuweisen. Da sich beide Zellarten nach K. Negishi (1968) auch im Aufbaumechanismus ihrer Aktions- bzw.

Ruhepotentiale von den übrigen Neuronen unterscheiden, kommt ihnen sicherlich eine besondere funktionelle Bedeutung zu.

Die von M. Schultze (1866) begründete Theorie von der Hell-Dunkelrezeption durch die Stäbchen und die Farbwahrnehmung durch die Zapfen (Duplizitätstheorie) ist in letzter Zeit, vor allem auch aufgrund des Nachweises unterschiedlicher Zapfentypen (C. H. Pedler, 1965) wiederum heftig umstritten. C. E. Dieterich (1969) weist in einer Abhandlung über die Geschichte dieser Theorie darauf hin, daß „bisher noch keine eindeutigen Strukturmerkmale gefunden wurden, auf die die funktionelle Duplizität bezogen werden kann". In diesem Zusammenhang erscheint der von R. Granit (1936) konzipierte und von E. Dodt (1962) wieder aufgegriffene Vorschlag zunächst plausibel, „endgültig von den Lichtsinneszellen als den für die Duplizität entscheidenden Teilen abzurücken und die hierfür maßgeblichen Strukturen aus dem Sehteil der Netzhaut in deren Gehirnteil zu verlegen" (E. Dodt), doch wird auf diese Weise das Problem nicht geklärt, sondern nur verlagert. Darüber hinaus wird dadurch nicht zum besseren Verständnis der vielfach vertretenen Annahme beigetragen, wonach drei Arten von Zapfen für die Wahrnehmung verschiedener Farbqualitäten zuständig seien (R. Granit, 1965; G. v. Studnitz, 1951; M. Richter, 1951; E. Auerbach und G. Wald, 1955; W. B. Marks, 1965, u.a.). Auch für diese sog. Dreikomponenten-„lehre" ist ein morphologisches Äquivalent bisher nicht nachgewiesen.

Die genannten Probleme stehen für eine Vielzahl offener Fragen, die gerade durch die fortschreitende Entwicklung der Technik in immer rascherer Folge hervorgebracht werden.

Während die Aussage eines Histologen des vorigen Jahrhunderts „dass die Retina nicht das vermeintlich so complicierte, schwer verständliche Organ ist, sondern dass im Gegentheil ihr Bau sehr einfach und klar vor Augen liegt" (F. Hosch, 1895), bei Berücksichtigung damaliger Untersuchungsmöglichkeiten sicherlich eine gewisse Berechtigung hatte, erscheint uns heute der Inhalt dieses Zitats geradezu ins Gegenteil verkehrt.

V. Tapetum lucidum

Literatur

Das „Augenleuchten" wird hervorgerufen durch eine zwischen Lamina vasculosa und Lamina capillaris der Chorioidea eingelagerte reflektierende Schicht, das Tapetum lucidum. Da in dieser Schicht bei Fleischfressern celluläre Anteile, bei Pflanzenfressern dagegen faserige Strukturelemente vorherrschen, werden sie als Tapetum cellulosum bzw. Tapetum fibrosum bezeichnet.

Durch lichtmikroskopische Untersuchungen konnte nicht eindeutig geklärt werden, welches Strukturelement der Tapetumzellen die Reflexion bewirkt. E. Murr (1927) beschreibt glänzende Stäbchen und wendet sich damit gegen die Auffassung von A. C. Bruni (1922) von einer fibrillären Struktur der Einlagerungen. H. Richter (1928) wiederum wendet sich in einer Untersuchung über das Zustandekommen der Farbtöne gegen die kristalline Natur dieser Zelleinschlüsse und stellt sie als „regelmäßig und in Stapeln parallel angeordnete fibrilläre Strukturen" dar, wobei es ihm zweifelhaft erscheint „ob sie als intracellulär oder der Intercellularsubstanz angehörig" zu betrachten sind. Nach H. Lauber

(1936) sind „die krystallähnlichen Gebilde im Hundetapetum gegen Säuren und Alkalien im Gegensatz zu denen der Katze wenig resistent, verschwinden auch rasch in Fixierungsflüssigkeiten wie Formalin und Sublimat".

G. Weitzel u. a. (1955) stellen durch chemische Analyse fest, daß das Tapetum von Carnivoren das bei weitem zinkreichste Gewebe ist, das bisher im Tierreich gefunden wurde (beim Hund 10,8% der Trockensubstanz). Ferner wird ein Schwefelgehalt von 5,4% der Trockensubstanz ermittelt und die Verbindung als Zink-cysteinathydrat (1:1:1) definiert. Nach S. Heller (1967) ist das Zink-cysteinat ein photoelektrischer Halbleiter; es bewirkt im Tapetum einen „Halb-leiter-Laser-Effekt in abgewandelter Form". Dadurch sollen auch kleine Licht-intensitäten unter Einbuße der zeitlichen Auflösung noch eine Information liefern können.

Nach intravenöser Injektion von Dithizon (Diphenylthiocarbazon) findet K. Fleischhauer (1958a) in der Umgebung der Gefäße, zwischen den Zellen des Tapetum und im Pigmentepithel rotgefärbte Granula, die er als Zeichen einer spezifischen Reaktion mit der Zinkverbindung ansieht. Auch D. Sasse (1964) beschreibt das Auftreten von Zink im Pigmentepithel und im Tapetum. H. Lau-wers und M. Sebruyns (1969) können jedoch nachweisen, daß das Vorkommen von Zink auf das Tapetum beschränkt ist.

J. H. Elliot und S. Futtermann (1963) stellen im Tapetum der Katze einen hohen Gehalt an Riboflavin (70—250 µg/g Trockengewicht) fest, das durch seine fluorescierende Eigenschaft den Farbton des Tapetum und eine erhöhte Licht-reflexion hervorrufen soll.

Ultrastrukturelle Untersuchungen wurden von E. Yamada (1958), M. H. Bern-stein und D. C. Pease (1959), C. H. Pedler (1963) und H. H. Wolff (1968, 1969) am Tapetum der Katze durchgeführt. E. Yamada beschreibt bei einem Kätzchen als charakteristische Einlagerungen fibrilläre oder filamentöse Strukturen im Zellinneren.

Nach M. H. Bernstein und D. C. Pease (1959) sind die Einschlüsse der Tape-tumzellen stäbchenförmige Gebilde mit einem Durchmesser von 0,1 µ und einer Länge bis zu 5 µ. Sie sind insgesamt etwa parallel zur Oberfläche der Retina orientiert, wobei die Richtung innerhalb dieser Ebene gruppenweise unterschiedlich sein kann. Zellorganellen sind auf die Bezirke um den Zellkern bzw. die Zell-peripherie beschränkt. Die von C. H. Pedler (1963) untersuchten Zelleinschlüsse des Tapetum haben einen Durchmesser um 0,23 µ (0,19—0,35 µ) und eine Länge von 4,8 µ. Er weist besonders darauf hin, daß die Anordnung der Tapetum-stäbchen einem „zweidimensionalen Kristall" entspricht, wobei der Zentrum-zu-Zentrum-Abstand der Stäbchen bei 0.4 µ liegt. Aus dem Abstand der Ebenen ergeben sich Maxima der Lichtreflexion bei 1206, 603 und 401 mµ.

Diese theoretisch ermittelten Werte stehen in Widerspruch zu den Ergebnissen von R. A. Weale (1952), der durch Untersuchungen an Augen toter Katzen (in situ, nach Spülung mit Salzlösungen) ein gleichmäßiges Ansteigen der Re-flexion bis zu einem Maximum bei 590 mµ und darüber einen raschen Abfall der Reflexionsintensität beobachtet. E. Murr (1931) stellt fest, daß „die absolute Reizschwelle der Katze für gelbgrünes Licht bei gleichmäßiger Dunkeladaptation (wie sie beim nächtlichen Nahrungserwerb vorherrschen dürfte) einem Betrag nahekommt, der erheblich unter der Strahlungsenergie der lichtschwächsten, uns noch sichtbaren Sterne liegt und eine ‚hochempfindliche‘ photographische Platte erst in 8—10 min eben merklich schwärzt".

R. A. Gunter u.a. (1951) halten es dagegen für unwahrscheinlich, daß die Farbe des Tapetum die spektrale Wahrnehmungskurve („spectral sensitivity curve") beeinflußt.

Mit Hilfe des Augenspiegels ermittelt E. Leonardi (1930) beim Hund eine Vielfalt von reflektierten Farben: blau-grün, smaragd-grün, gelb, rot-grün ge-fleckt, oft kräftig gelb im Zentrum und grünschillernd in der Peripherie.

H. B. Parry (1953) vergleicht nach ähnlichen Untersuchungen den Effekt des Tapetums mit dem eines Gemäldes von Monet. M. Wyman und E. F. Donovan stellen Farbunterschiede zwischen und innerhalb verschiedener Hunderassen fest.

Dieser Literaturübersicht ist zu entnehmen, daß die Struktur der reflek-tierenden Einschlüsse in den Tapetumzellen bislang zu wenig bekannt ist, um die Frage nach der Funktion dieser Einrichtung klar beantworten zu können. Dies gilt besonders für das nur wenig untersuchte Tapetum lucidum des Hundes.

Befunde

Das Tapetum lucidum eines erwachsenen mittelgroßen Hundes nimmt in der frontalen (dorsalen) Hälfte des Augenhintergrundes eine Fläche ein, die der eines sphärischen Dreiecks mit einer Basis von etwa 20 mm Länge und einer Seiten-länge von etwa 15 mm entspricht. Die Basis des Dreiecks verläuft im horizontalen Meridian, wodurch die Papilla optica an dessen basalen Rand, in einem Abstand von etwa 11 mm von der nasalen Kante zu liegen kommt. Am frischen Auge ruft das Tapetum einen hellgrünen, stellenweise goldgelben Schimmer hervor (s. auch M. Wyman und E. F. Donovan, 1965).

Das Tapetum ist als eine Schicht flacher Zellen zwischen die Lamina vasculosa und Lamina capillaris der Chorioidea eingelagert. Auf meridional durch das Tapetum geführten Schnitten (Abb. 13) sind die Zellen als flache Rechtecke mit deutlichen, geradlinig verlaufenden Zellgrenzen und einem ebenfalls rechteckigen oder ovalen, die ganze Zellhöhe einnehmenden Kern zu erkennen. Die Höhe der einzelnen Zelle schwankt zwischen 2,5 und 3,5 μ, ihre Breite zwischen 50 und 60 μ. Die Zellkerne sind etwa 6—8 μ breit. Die Zellen sind ohne erkennbare Zwischen-räume in 10—12 Lagen (Maximum im Zentrum des Tapetum) übereinander-gestapelt, wodurch das Tapetum eine Dicke von etwa 30 μ erreicht. An seinem Rand nimmt die Zahl der Zellagen allmählich ab. Von außen her sind dem Tapetum mehrere Lagen flacher Melanocyten angelagert; zuweilen sind einzelne Pigment-zellen auch zwischen die äußeren Lagen der Tapetumzellen eingeschoben. Von den größeren Gefäßen der Lamina vasculosa ziehen Capillaren in regelmäßigen Abständen mit geradem Verlauf durch das Tapetum zur Lamina capillaris. Diese bildet ein Capillarnetz in Höhe der basalen Abschnitte der Pigmentepithelzellen; die Zellen des Pigmentepithels scheinen deshalb zwischen den Capillaren auf den Tapetumzellen zu fußen. Im Bereich des Tapetum enthalten die Pigmentepithel-zellen keine Pigmentgranula.

In Flachschnitten sind die Tapetumzellen unregelmäßig polygonal mit deutlich konturierten Grenzen und zentralständigem, rundlichen Kern. In ihrem Cyto-plasma sind parallel angeordnete, streifenartige Strukturen oder verwaschene Granulationen zu erkennen. Im acetonfixierten Material wird die Streifung bei dieser Schnittrichtung viel deutlicher. Sie wird offenbar hervorgerufen durch faserartige Bildungen unterschiedlicher Länge, die in wechselnder Richtung, gruppenweise jedoch parallel angeordnet, das gesamte Cytoplasma einnehmen. Zwischen den Zellen — besonders deutlich in der Nähe der Gefäßquerschnitte — sind zahlreich Fasern eingelagert, die aufgrund ihrer reichlichen Verzweigung und ihres Durchmessers als elastische Fasern angesprochen werden müssen.

Im elektronenmikroskopischen Bild (Abb. 27) entsprechen die Tapetumzellen in bezug auf Größe und Form der Zellen und des Kerns den lichtmikroskopischen Befunden weitgehend. Die Zellgrenzen verlaufen leicht gewellt oder gezackt. Zwischen den Zellagen entstehen dadurch Intercellularspalten (*IZ*) mit einer Weite von 0,15 μ, die mit einzelnen Retikulinfasern und feinen Granula teilweise ausgefüllt sind.

Das Innere der Zellen wird zum größten Teil von im Querschnitt runden, im Längsschnitt stabförmigen Bildungen eingenommen. Sie sind, bezogen auf die Zelloberfläche, in parallelen Lagen angeordnet. Dabei sind die jeweils aufeinanderfolgenden Lagen soweit versetzt, daß die Lücke zwischen zwei „Stäbchen" von einem darunterliegenden verdeckt ist. Der Abstand der Zentren der Stäbchen einer Reihe schwankt zwischen 0,15 und 0,2 μ. In glutaraldehydfixierten Präparaten (Abb. 27a) erscheinen die Stäbchen aus einer Doppelmembran (*MH*) gebildet, die eine leicht granulierte Matrix umschließt. Die äußere Lamelle der Doppelmembran beschreibt einen Kreis oder ein Oval mit einem Durchmesser von 1 300—1 500 Å. Im Zentrum der Bildung ist in der Regel ein Röhrchen mit einem Durchmesser von 250 Å zu beobachten (*T*). Die größte gemessene Länge eines Stäbchens liegt bei 3,5 μ. In osmiumfixierten Präparaten (Abb. 27b) entspricht nur ein Teil der Querschnitte dieser Beschreibung. Im überwiegenden Teil ist der Raum zwischen dem Innenblatt der Doppelmembran und dem zentralen Tubulus mit einer elektronendichten, granulierten Masse ausgefüllt. In acetonfixierten und unkontrastierten Präparaten schließlich bestehen die Stäbchen (Durchmesser 800 Å) aus einer homogenen, elektronendichten Masse (Abb. 27a, Ausschnitt) mit einer zentralen Aufhellung (Durchmesser 250 Å). Membranen kommen dabei nicht zur Darstellung. Bei der letztgenannten Fixierungsart ist die obengenannte regelmäßige Anordnung der Stäbchen gestört. In Flachschnitten durch Tapetumzellen (Abb. 27c) ist bei günstiger Schnittführung die Anordnung der Stäbchen einer Lage zu erkennen. Dabei wird deutlich, daß innerhalb großer Zellbezirke die Stäbchen in einwandfrei paralleler Ausrichtung hinter- und nebeneinander liegen. Eine gewisse Unordnung ist lediglich in der Nähe des Zellkerns und an den Ecken der Zellen zu beobachten. Häufig sind hier aber an Zwickelstellen zwischen größeren „Feldern", deren Stäbchen im Winkel aufeinanderstoßen, kleinere Bezirke mit ebenfalls paralleler Stäbchenanordnung eingeschoben.

Zellorganellen treten nur in einem schmalen Bereich in Kernnähe und dicht unter dem Plasmalemm auf. In den genannten Bezirken sind kleine Mitochondrien mit dichter Matrix und wenigen Cristae zu beobachten. Einzelne, langgestreckte Schläuche des endoplasmatischen Reticulums verlaufen unmittelbar unter dem Plasmalemm. Ein Golgi-Feld (*G*) und Lysosomen (*Ly*) liegen regelmäßig in unmittelbarer Nachbarschaft des Kernes (*K*).

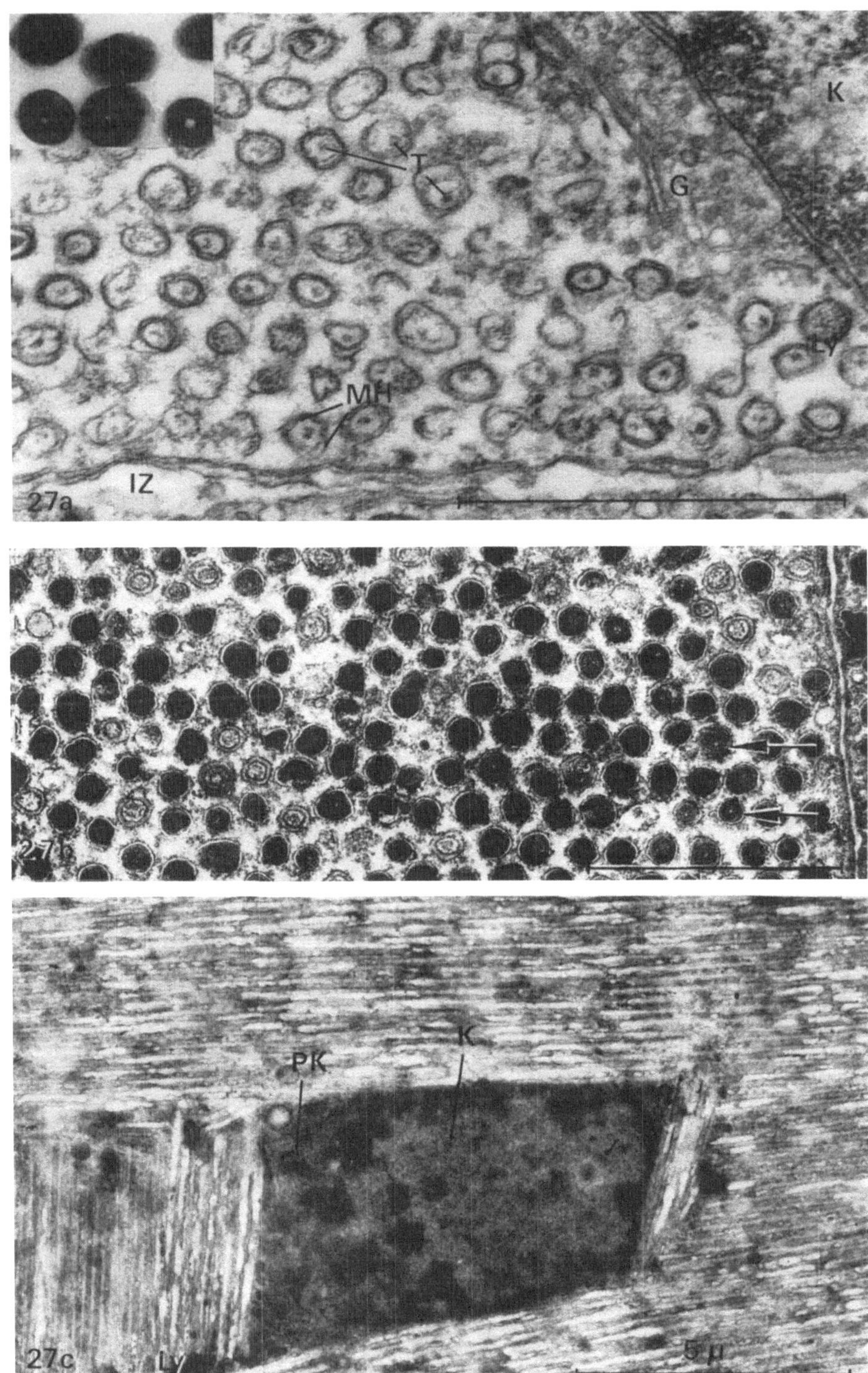

Abb. 27 a—c

In den peripheren Abschnitten äußerer Tapetumzellen treten gelegentlich runde oder längliche Granula auf, die in ihrer Elektronendichte den Melaningranula entsprechen. Einlagerungen dieser Art werden nur in Zellen gefunden, in deren unmittelbarer Nachbarschaft Melanocyten liegen. Zwischen benachbarten Tapetumzellen einer Lage und zwischen Gefäßen und Tapetumzellen sind reichverzweigte elastische Fasern ausgespannt. Dazwischen liegen, einzeln oder in Bündeln, präkollagene Fibrillen.

Die Basis der Pigmentepithelzellen ist von den Tapetumzellen nur durch eine — in diesem Bereich relativ dünne — Basalmembran (Bruchsche Membran) getrennt. Die von acetonfixiertem Material stammenden Schnitte wurden einer Feinbereichsbeugung und einer röntgenspektrometrischen Untersuchung unterzogen. Die Feinbereichsbeugung ließ zunächst keine klare kristalline Struktur erkennen. Erst nach längerer Elektronenbestrahlung wurde das Beugungsbild klarer. Dieser Vorgang dürfte auf einer Umlagerung anorganischer Komponenten beruhen. Aller Wahrscheinlichkeit nach liegt demnach die angesprochene Substanz zunächst in feinkristalliner, nahezu amorpher Form vor. Die Röntgenspektrometrie (s. E. Fuchs und H. Rehme, 1966) ergab an den Zellschnitten ein Vorkommen von Zink und Schwefel zu etwa gleichen Teilen. Weitere Spurenelemente waren nicht nachweisbar.

Die Untersuchung eines Totalpräparates des Tapetum im Auflicht mit einem vorgeschalteten Polarisationsfilter ergab in keinem Vergrößerungsbereich eine Auslöschung des reflektierten Lichtes. An Schnittpräparaten konnte bei Verwendung zweier senkrecht aufeinanderstehender Polarisationsfilter und entsprechender Drehung des Objekttisches eine deutliche Lichtbrechung in verschiedenen „Feldern" der Tapetumzellen wahrgenommen werden.

Die Bestimmung des Riboflavingehaltes ergab für das Tapetumgewebe einen Wert von 38 µg/g Trockengewicht, für das übrige Chorioideagewebe einen Wert von 70 µg/g Trockengewicht.

Besprechung

Plattenförmige Zellen mit zentralständigem Kern sind in 10—12 Lagen zwischen Lamina vasculosa und Lamina capillaris der Chorioidea eingelagert. Sie bilden das Tapetum cellulosum des Hundes.

Im lichtmikroskopischen Schnitt treten die spezifischen Einschlüsse der Tapetumzellen als geschichtete, parallel zur Retina angeordnete, faserähnliche Strukturen auf. Dabei wird nicht deutlich, ob es sich — wie von einigen Untersuchern

Abb. 27. a Ausschnitt aus dem Kernbereich einer Tapetumzelle. *K* Zellkern, *G* Golgi-Feld, *Ly* Lysosom, *MH* doppelte Membranhülle der spezifischen Einschlüsse (die anorganische Substanz ist hier nicht erhalten), *T* zentraler Tubulus, *IZ* Intercellularraum. Vergr. 52000×. Im Ausschnitt (oben links) Querschnitte durch Tapetumstäbchen (Acetonfixierung, unkontrastiert); in der homogenen anorganischen Substanz sind zentrale Röhrchen zu erkennen. Vergr. 65000×. b Tapetumzellen mit quergeschnittenen Stäbchen (Fixierung mit OsO_4 nach Caulfield); die elektronendichte, anorganische Substanz ist meist erhalten und wird von einer Doppelmembran umgeben; im Zentrum sind Röhrchenquerschnitte zu erkennen (Pfeile). Vergr. 36000×. c Flachschnitte durch eine Tapetumzelle; das Perikaryon (*PK*) wird durch die parallele Einlagerung von Stäbchen in eine eckige Form gebracht (die anorganische Substanz ist ausgewaschen). *K* Zellkern, *Ly* Lysosomen. Vergr. 7800×

angenommen — um fibrilläre Strukturen (A. C. Bruni, 1922; H. Richter, 1928) oder um kristalline Einschlüsse (E. Murr, 1927; H. Lauber, 1936) handelt. Entgegen der Ansicht von H. Richter (1928) kommen die Einschlüsse nur intracellulär vor. Die im Intercellularraum, vor allem in Gefäßnähe nachgewiesenen Fasern, dürften ausschließlich zur flexiblen Fixierung der durch die relativ unelastische Tapetumschicht ziehenden Gefäße dienen.

Im elektronenmikroskopischen Bild (Abb. 27) erscheint das Cytoplasma der Tapetumzellen mit stabförmigen Einschlüssen angefüllt. Diese sind in etwa 10—15 Lagen parallel zur Retina angeordnet, wobei die aufeinanderfolgenden Lagen so versetzt sind, daß die Stäbchen „auf Lücke" stehen.

Bei der Glutaraldehydfixierung bleiben zumeist nur die membranöse Hülle, die organischen Anteile der Matrix und das zentrale Röhrchen erhalten.

Nach Fixierung mit Osmiumsäure bleiben zunächst beim größten Teil der Stäbchen die anorganischen Bestandteile erhalten, während nach Verwendung von Aceton zwar die anorganischen Komponenten noch vorhanden sind, ihre Lage innerhalb der Zelle durch die wenig schonende Behandlung des Cytoplasmas jedoch stark gestört erscheint (Abb. 27a, Ausschnitt).

Daraus ergibt sich die Eigenschaft der anorganischen Einlagerungen im Hundetapetum, auf die schon A. Lauber (1936) hinweist, in Fixierungsmedien „rasch zu verschwinden"; im Tapetum der Katze bleiben sie bei entsprechender Behandlung offenbar wesentlich besser erhalten (s. bei C. H. Pedler, 1963; H. H. Wolff, 1968). Die spezifischen Einschlüsse der Tapetumzellen sind stäbchenförmige Gebilde, die aus einer doppelten Hüllmembran (MH), einer mit metallorganischem Material angereicherten Matrix und einem zentralen Mikrotubulus (T) bestehen. Mit röntgenspektrometrischen Verfahren können in der Matrix Zink und Schwefel zu gleichen Teilen nachgewiesen werden. G. Weitzel u.a. (1955) konnten eine organische Zink-Schwefelverbindung (Zink-cysteinathydrat) im Tapetum des Hundes ermitteln. Mit großer Sicherheit ist diese Verbindung auf die Matrix der Stäbchen beschränkt, da im Cytoplasma keine andersartigen elektronendichten Einlagerungen vorkommen. Die Feinbereichsbeugung spricht für eine feinkristalline, nahezu amorphe Struktur der Matrix. Die von K. Fleischhauer (1958a) und D. Sasse (1964) außerhalb der Tapetumzellen beobachtete Dithizonreaktion dürfte auf das rasche Austreten des Zinks aus den Stäbchen bzw. den Zellen in den Intercellularraum und die Nachbarschaft der Gefäße beruhen.

Es ist anzunehmen, daß die in den Stäbchen der Tapetumzellen eingelagerte Zinkverbindung der spezifische Faktor der Lichtreflexion ist. Die parallele Anordnung der Stäbchen in zahlreichen aufeinanderfolgenden Ebenen dürfte eine optimale Reflexion der einfallenden Lichtstrahlen gewährleisten. In diesem Zusammenhang erscheint die Feststellung von E. Rutschke (1966) von Interesse, daß die Schillerfarben an Entenfedern durch schichtweise parallel geordnete Melaninstäbchen hervorgerufen werden.

Die doppelte membranöse Hüllstruktur spielt vermutlich die Rolle einer Barriere, die das Ionenungleichgewicht zwischen Matrix und Cytoplasma zu erhalten hat. Der zentrale Mikrotubulus kann im Hinblick auf die auch von E. Yamadaund H. H. Wolff (bei Jungkatzen) beobachtete periodisch gestreifte Fibrille als eine Leitstruktur für die Ablagerung der Zinkverbindung in die Matrix aufgefaßt werden. Ob die von S. Heller (1967) ermittelte Halbleitereigenschaft des Zink-cysteinats bei der Funktion des Tapetums tatsächlich eine Rolle spielt, ist fraglich. Halbleiter, die mit so geringen Spannungen arbeiten, wie sie z. B. aus biologischen Membranpotentialen abgeleitet werden könnten, sind nicht bekannt.

Da die parallele Anordnung der Tapetumstäbchen eine Reflexion polarisierten Lichtes möglich erscheinen ließ, wurden entsprechende Untersuchungen, sowohl im Auflicht als auch im Durchlicht angestellt. Das Ergebnis zeigt, daß parallel mit der Felderung innerhalb einer Zelle zwar eine verschiedenartige Licht-brechung, jedoch keine Ausrichtung der Lichtwellen in jeweils einer Ebene erfolgt. Da die Untersuchung an lebendfrischem Material durchgeführt wurde, dürfte eine postmortal eingetretene Verlagerung der Stäbchen diese Untersuchung nicht beeinflußt haben.

Die spezifischen Einschlüsse der Tapetumzellen können aufgrund ihres Aufbaus als paraplasmatische Zellbestandteile angesprochen werden. Zellorganellen werden von ihnen in Kernnähe bzw. an die Peripherie der Zellen gedrängt; auch die Kernform und das Perikaryon richten sich nach der Anordnung der Stäbchen.

Die Tapetumzelle des Hundes ist mithin eine hochspezialisierte Zelle, deren Form und Innenstruktur weitgehend auf ihre Funktion, die Reflexion von Licht-strahlen ausgerichtet ist. Es wird dabei — ähnlich wie bei der Katze — vor-wiegend Licht im grünen Bereich reflektiert. In diesem Zusammenhang sind die Ergebnisse von R. A. Weale (1952) und C. H. Pedler (1963) über die Wellenlänge des reflektierten Lichtes zurückhaltend zu beurteilen, da in beiden Fällen die durch Chemikalien (Fixantien, Spülmittel) bedingten Veränderungen in der Lage der Tapetumstäbchen zueinander m. E. zu wenig berücksichtigt werden. Daß neben dem vorherrschenden Grün eine Vielzahl anderer Farbabstufungen er-scheinen können, beweisen zudem E. Leonardi (1930), H. B. Parry (1953) und M. Wyman und E. F. Donovan (1965) mit Untersuchungen an lebenden Tieren. Die von R. Gunter u. a. (1951) bestrittene Feststellung E. Murrs (1931) von der besonderen Empfindlichkeit der Katzenretina auf Licht im grün-gelben Bereich wird dadurch erneut in Frage gestellt. Auch die von J. H. Elliott und S. Futter-mann (1963) getroffene Feststellung über den hohen Riboflavingehalt der Tape-tumzellen muß bezweifelt werden, nachdem es sich erweist, daß die angrenzenden pigmentierten Chorioideazellen eine nahezu doppelt so hohe Menge dieses Stoffes enthalten. Möglicherweise wird sogar aufgrund der Schwierigkeit der Trennung beider Gewebskomponenten in den Tapetumzellen ein höherer Vitamin B_2-Gehalt vorgetäuscht.

Aus diesen Gründen ist das Tapetum lucidum lediglich als eine lichtreflek-tierende Schicht anzusehen. Alle Vermutungen über weiterreichende Vorgänge (Halbleiterfunktion, Reflexion in einem besonderen Wellenlängenbereich, Lumi-nescenz der eingelagerten Stoffe, Reflexion polarisierten Lichtes) ließen sich bisher nicht beweisen.

Zusammenfassung

Die Retina und das Tapetum lucidum des Hundes wurden licht- und elek-tronenmikroskopisch untersucht.

Die Entwicklung dieser Anteile des Auges verläuft prinzipiell wie bei anderen Säugern, wobei ein Fortschreiten der Vorgänge in der Retina von den glaskörpernahen Schichten nach außen und von ihrem zentralen Bereich zum Rand des Augenbechers hin zu beachten ist.

Im Innenblatt der Retina setzen sich von den zunächst einheitlichen Neuroglioblasten als erste die späteren Zellen des Ganglion opticum (III. Neuron) und die innere plexiforme Schicht ab. Im letzten Drittel der Entwicklung wird durch einsprossende Blutgefäße eine Trennung von innerer und äußerer Körnerschicht angedeutet, während die eigentlich receptorischen Einrichtungen und die Synapsen der äußeren plexiformen Schicht sich erst nach der Geburt ausdifferenzieren.

Dem Außenblatt der Retina dagegen kann aufgrund der Ultrastruktur seiner Zellen eine schon früh einsetzende wichtige Funktion bei der Versorgung des nervösen Anteils der Netzhaut zugewiesen werden. In den Tapetumzellen beginnt die Einlagerung spezifischer paraplasmatischer Einschlüsse kurz vor der Geburt in Form periodisch gebänderter, membranbegrenzter Stäbchen.

Beim erwachsenen Tier besitzt das Pigmentepithel die Einrichtungen von sehr stoffwechselaktiven Zellen (enger Kontakt zu den Gefäßen der Choriocapillaris, basale Einfaltungen, reichlich Zellorganellen). Apikale, flach ausgezogene Cytoplasmafortsätze umhüllen die Stäbchenaußenglieder teilweise, die der Zapfen in Form von Lamellen in ihrer ganzen Länge. Die Bedeutung des Pigmentepithels ist in erster Linie in der Versorgung der Receptoren und im ständigen Abbau von Anteilen der Receptoraußenglieder zu sehen; eine Retinomotorik ist nicht gegeben.

Der nervöse Teil der Retina zeigt die aus dem Schrifttum bekannte Gliederung in Schichten. Nahe der Papilla optica sind in einem wenige mm² großen Bezirk die Zahl der Ganglienzellen und die Dicke der plexiformen Schichten vermehrt, der Anteil an Blutgefäßen und Nervenfasern dagegen reduziert. Dieser Bezirk kann als Area centralis bezeichnet werden. Wie bei Mensch und Rhesusaffen können beim Hund drei Typen von Receptoren unterschieden werden:

1. Stäbchen; 2. Zapfen und 3. Zapfen in der Area centralis, deren Außenglied dem der Stäbchen, deren Innenglied, Kernbezirk und Synapsenkolben denen der übrigen Zapfen entspricht. Durch Auswertung von Schnittserien wird ein Modell der Stäbchensynapse erarbeitet; die Zusammensetzung der Zapfensynapse ist dagegen nach wie vor ungeklärt.

Den horizontal ausgerichteten Zellelementen (Horizontal- und amacrine Zellen) kann aufgrund ihrer Strukturmerkmale und der Art ihrer Anordnung an synaptischen Kontakten eine vorwiegend inhibitorische Funktion zugewiesen werden.

Bei den Synapsen der inneren plexiformen Schicht können sog. Bandsynapsen und einfache Synapsen unterschieden werden. Bei der ersten Form ist der präsynaptische Anteil immer eine bipolare, bei der zweiten immer eine amacrine Zelle. Die übrigen Anteile der Retina (Ganglienzellen, Blutgefäße, Gliazellen) weisen keine tierartspezifischen Merkmale auf. Die Innenfläche der Retina wird gebildet von den „inneren Füßen" der Müllerschen Stützzellen. Ihnen ist eine Basalmembran aufgelagert, die als Membrana limitans interna zu bezeichnen ist. Als weitere Gliaform kommen nahe der Papilla optica Astrocyten vor, die sich einerseits den Gefäßen anlegen, zum anderen breite Cytoplasmalamellen zwischen die Neuriten der Nervenfaserschicht einschieben.

Die Zellen des Tapetum lucidum enthalten als spezifische Einschlüsse in Lagen parallel angeordnete runde Stäbchen aus einer metallorganischen Verbindung (Zink-cysteinat-hydrat), die von einer Doppelmembran umschlossen sind und im Zentrum einen Mikrotubulus aufweisen. Diesen paraplasmatischen Einlagerungen kann eine rein reflektorische Funktion zugeschrieben werden.

Development and Structure of the Retina and of the Tapetum lucidum of the Dog

Summary

The retina and the tapetum lucidum of the dog were studied using light and electron microscopy.

The development of these parts of the eye conforms in principle to that found in other mammals, and progresses in the retina from the layer closest to the future vitreous toward the outside, and from the central area toward the edge of the optic cup.

The first to differentiate from the uniform neuroglioblasts in the internal layer of the optic cup are the ganglion cells (neuron III) and the inner plexiform layer. In the last third of gestation, invading blood vessels presage the division between inner and outer nuclear layers, while the outer segments of the receptor cells and the synapses of the outer plexiform layer do not appear until after birth.

Judging from the electronmicroscopical appearance of its cells, the external layer of the developing retina is thought to play a precocious role in the nourishment of the nervous part. In the cells of the tapetum, specific paraplasmatic inclusions in the form of periodically striated rods that are enclosed in a membrane appear just before birth.

In the pigment epithelium of the adult dog there is evidence of high metabolic activity because of the close contact between the pigment cells and the capillaries of the lamina choriocapillaris, because of infoldings of the basal part of the pigment cells, and because of the presence of many organelles in these cells. The apical parts of the pigment cells are drawn out to form flat cytoplasmic extensions that surround the tips of the outer segments of the rod cells, and in the form of lamellae surround the full length of the outer segments of the cone cells. The primary function of the pigment epithelial cells seems to be the nourishment of the photoreceptors and the continuous phagocytosis of parts of their outer segments. Movement of pigment granules between the outer segments is not possible.

The nervous part of the canine retina can be divided into the commonly known layers. Near the optic papilla is an area 2—3 mm in diameter in which the number of ganglion cells and the thickness of the plexiform layer is increased, and the amount of blood vessels and nerve fibers is decreased. This may be called the area centralis. As in man and the Rhesus monkey, three types of receptor cells can be distinguished in the dog:

1. Rod cells; 2. cone cells, and 3. in the area centralis cone cells which differ from the ordinary cone cells in that they have outer segments like those usually associated with rod cells. With the use of serial sections a model was produced to illustrate the structure of the synaptic body of the rod cell. The structure of the cone pedicle is still not known.

Judging by their structure and by their arrangement at the synapses, the horizontally oriented cells (horizontal and amacrine cells) are thought to have mainly an inhibitory function.

In the inner plexiform layer, so-called ribbon synapses can be distinguished from the ordinary synapse. In the former type, the presynaptic part always belongs to a bipolar cell, while in the latter type it always belongs to an amacrine cell. The remaining parts of the retina (ganglion cells, blood vessels, glia cells) are similar to those found in other mammals. The inner surface of the retina is formed by the conical expansions of Müller's cells. These expansions are covered with a basement membrane which should be regarded as the inner limiting membrane. Another form of glia cell are the astrocytes present in the vicinity of the optic papilla. They are closely associated with the blood vessels, but also send wide cytoplasmic lamellae between the dendrites in the layer of optic nerve fibers.

The cells of the tapetum lucidum contain layers of round, parallel rods consisting of a metallo-organic substance (Zinc-cysteinate-hydrate). Each rod is enclosed by a double membrane and contains a microtubule in its center. They are thought to function exclusively in reflecting the light.

Literatur

Abraham A.: Zur Kenntnis der Struktur der Netzhaut, mit besonderer Berücksichtigung der Ganglienzellschicht. Z. Zellforsch. 52, 529—548 (1960).

Abrahamson, E. W., Ostroy, S. E.: The photochemical and macromolecular aspects of vision. Progr. Biophys. 17, 179—215 (1967).

Allen, R. A.: Isolated cilia in the inner retinal neurons and in retinal pigment epithelium. J. Ultrastruct. Res. 12, 730—747 (1965).

Auerbach, E., Wald, G.: The participation of different types of cones in human light and dark adaptation. Amer. J. Ophthal. 39 (II), 24—40 (1955).

Autrum, H.: Nerven- und Sinnesphysiologie. Fortschr. Zool. 9, 537—604 (1952).

Bairati, A., jr., Orzalesi, N.: The ultrastructure of the pigment epithelium and the photoreceptor-pigment epithelium junction in the human retina. J. Ultrastruct. Res. 9, 484—496 (1963).

Becher, H.: Über ein vegetatives, zentralnervöses Kerngebiet in der Netzhaut des Menschen und der Säugetiere. Acta neuroveg. (Wien) 8, 421—436 (1954).

— Beitrag zum feineren Bau der Retina. Anat. Anz. 100 Suppl., 166—184 (1954).

— Weitere Untersuchungen über den feineren Bau der Retina. Anat. Anz. 102, 420—433 (1956).

— Elektronenmikroskopische Untersuchungen an der Netzhaut. Anat. Anz. 104 Suppl., 142—162 (1957).

— Elektronenmikroskopische Untersuchungen am Pigmentepithel der menschlichen Retina. IV. Intern. Kongr. f. Elektronenmikrosk., 1958, Bd. II, S. 452—455. Berlin-Göttingen-Heidelberg: Springer 1960.

Bernstein, M. H.: Functional structure of the retinal epithelium. VIIth Intern. Congr. of Anat., New York 1960. Zus.fass. in: Anat. Rec. 136, 164 (1960).

— Supportive structures of the photoreceptors of the monkey retina. 57th Session of Amer. Ass. of Anat., Minneapolis 1962. Zus.fass. in: Anat. Rec. 142, 216 (1962).

— Pease, D. C.: Electron microscopy of the tapetum lucidum of the cat. J. biophys. biochem. Cytol. 5, 35—40 (1959).

Binder, C., Orth, E.: Elektronenoptische Studie an Pigmentkörnern und Zonulafasern des menschlichen Auges. Albrecht v. Graefes Arch. Ophthal. 154, 266—267 (1953).

Blechschmidt, E., Neumann, H.: Die Ultrastruktur der Zilien und Desmosomenanlagen im menschlichen Auge. (Die submikroskopische Verwandtschaft des Pigmentepithels mit der Retina.) Z. Morph. Anthrop. 58, 230—242 (1967).

Bloom, W., Fawcett, D. W.: A textbook of histology, IX. Aufl. Philadelphia-London-Toronto: W. B. Saunders Co. 1968.

Bonting, S. L., Bangham, A. D.: On the biochemical mechanism of the visual process. Exp. Eye Res. 6, 400—413 (1967).

— Caravaggio, L. L., Gouras, P.: The rhodopsin cycle in the developing vertebrate retina. I. Relation of rhodopsin content, electroretinogram and rod structure in the rat. Exp. Eye Res. 2, 12—19 (1963).

Breathnah, A. S., Wyllie, L. M.-A.: Ultrastructure of retinal pigment epithelium of the human fetus. J. Ultrastruct. Res. 16, 584—597 (1966).

Brückner, R.: Beiträge zur Biologie. 1. Mitt.: Über die Netzhaut von Feliden und Caniden. Biol. Zbl. 80, 37—66 (1961).

Bruni, A. C.: Per una migliore conoscenza del tappeto lucido dei mammiferi domestici. Ann. Ottal. 50, 469—494 (1922).

Cajal, S. R. Y.: La rétine des vèrtèbres. Cellule 9, 119—257 (1893).

Caulfield, J. B.: Effects of varying vehicles of OsO_4 in tissue fixation. J. biophys. biochem. Cytol. 3, 827—830 (1957).

Clara, M.: Untersuchungen über das Grundhäutchen der Netzhautkapillaren. Albrecht v. Graefes Arch. Ophthal. 163, 448—463 (1961).

— Entwicklungsgeschichte des Menschen, 6. Aufl. Leipzig: Edition Leipzig 1965.

Cohen, A. I.: The ultrastructure of the rods of the mouse retina. Amer. J. Anat. 107, 23—48 (1960).

— The fine structure of the extrafoveal receptors of the Rhesus monkey. Exp. Eye Res. 1, 128—136 (1961).

— Some preliminary electron microscopic observations of the outer receptor segments of the retina of the Macaca rhesus. In: The structure of the eye, ed. G. K. Smelser, p. 151—158. New York-London: Acad. Press 1961.

— Electron microscopic observations of the internal limiting membrane and optic fiber layer of the retina of the rhesus monkey (Macaca mulatta). Amer. J. Anat. 108, 179—198 (1961).

— Vertebrate retinal cells and their organization. Biol. Rev. 38, 427—459 (1963).

— New details of the ultrastructure of the outer segments and ciliary connectives of the rods of human and Macaque retinas. Anat. Rec. 152, 63—80 (1965).

— Some electron microscopic observations on inter-receptor contacts in human and macaque retinas. J. Anat. (Lond.) 99, 595—610 (1965).

— New evidence supporting the linkage to extracellular space of outer segment saccules of frog cones but not rods. J. Cell Biol. 37, 424—444 (1968).

Dartnall, H. J. A., Lythgoe, J. N.: The clustering of fish visual pigments around discrete spectral positions and its bearing on chemical structure. In: Colour vision, ed. by A. V. S. de Reuck and J. Knight, p. 3—21. London: J. and A. Churchill, Ltd. 1965.

Dieterich, C. E.: Elektronenmikroskopische Untersuchungen über die Photoreceptoren und Receptorsynapsen bei reinen Stäbchen- und Zapfennetzhäuten. Albrecht v. Graefes Arch. Ophthal. 174, 289—320 (1968).

— Die Feinstruktur der Photoreceptoren des Spitzhörnchens (Tupaia glis). Anat. Anz. 125 Suppl., 305—312 (1969).

— Neuere Erkenntnisse zur funktionellen Morphologie der Netzhaut. Med. Welt 20, 1059—1061 (1969).

— Feinstrukturelle Untersuchungen an den Horizontalzellen der menschlichen Netzhaut. Z. Zellforsch. 98, 277—289 (1969).

— Rohen, J. W.: Über die Receptoren der menschlichen Netzhaut. Albrecht v. Graefes Arch. klin. exp. Ophthal. 179, 235—258 (1970).

Dodt, E.: Über die Grundvoraussetzungen der Duplizitätslehre des Sehens. Naturwissenschaften 49, 530—533 (1962).

Donovan, A.: The postnatal development of the cat retina. Exp. Eye Res. 5, 249—254 (1966).

Dowling, J. E.: Chemistry of visual adaptation in the rat. Nature (Lond.) 188, 114—118 (1960).

— The site of visual adaptation. Science 155, 237—279 (1967).

— Synaptic organization of the frog retina: an electron microscopic analysis comparing the retinas of frogs and primates. Proc. roy. Soc. B 170, 205—228 (1968).

Dowling, J. E., Boycott, B. B.: Organization of the primate retina: electron microscopy. Proc. roy· Soc. B **166**, 81—111 (1967).

— — Neural connections of the primate retina. In: The structure of the eye, ed. by J. W. Rohen, p. 55—68. Stuttgart: Schattauer 1965.

— Brown, J. E., Major, D.: Synapses of horizontal cells in rabbit and cat retinas. Science **153**, 1639—1641 (1966).

— Gibbons, I. R.: The fine structure of the pigment epithelium in the albino rat. J. Cell Biol. **14**, 459—474 (1962).

Dubin, M. W.: The inner plexiform layer of the vertebrate retina: A quantitative and comparative electron microscope analysis. J. Comp. Neurol. **140**, 179—505 (1970).

Ehinger, B.: Adrenergic retinal neurons. Z. Zellforsch. **71**, 146—152 (1966).

— Adrenergic nerves in the avian eye and ciliary ganglion. Z. Zellforsch. **82**, 577—588 (1967).

— Falck, B.: Adrenergic retinal neurons of some new world monkeys. Z. Zellforsch. **100**, 364—375 (1969).

Eichner, D.: Zur Histologie und Topochemie der Netzhaut des Menschen. Z. Zellforsch. **48**, 137—186 (1958).

— Fluoreszenzmikroskopische Untersuchungen am Pigmentepithel der Rindernetzhaut. Z. Zellforsch. **49**, 655—667 (1959).

Themann, H.: Zur Frage des Netzhautglykogens beim Menschen. Z. Zellforsch. **56**, 231—246 (1962).

Elliott, J. H., Futtermann, S.: Fluorescence in the Tapetum of the cat's eye (identification, assay and localization of Riboflavin in the tapetum and a proposed mechanism by which it may facilitate vision). Arch. Ophthal. (Chic.) **70**, 531—535 (1963).

Engerman, R. L., Molitor, D. L., Bloodworth, J. B. M., jr.: Vascular systems of the dog retina: light and electron microscopic studies. Exp. Eye Res. **5**, 296—301 (1966).

Evans, E. M.: On the ultrastructure of the synaptic region of visual receptors in certain vertebrates. Z. Zellforsch. **71**, 499—516 (1966).

Feeney, L., Grieshaber, J. A., Hogan, M. J.: Studies on human ocular pigment. In: The structure of the eye, ed. by J. W. Rohen, p. 535—548. Stuttgart: Schattauer 1965.

Fine, B. S.: Ganglion cells in the human retina. Arch. Ophthal. (Chic.) **69**, 83—96 (1963).

Fleischhauer, K.: Histologische Beobachtungen an Tapetum lucidum, Pigmentepithel und Retina der Katze nach intravenöser Dithizoninjektion. Anat. Anz. **105** Suppl., 69—74 (1958).

Friess, A. E.: Zur Topochemie der Vogelretina. Anat. Anz. **126** Suppl., 89—91 (1970).

Fuchs, E., Rehme, H.: Mikroanalyse im Elektronenmikroskop mit einem Röntgenspektrometerzusatz. Microchim. Acta **1** Suppl., 97—107 (1966).

Fürst, C. M.: Zur Kenntnis der Histogenese und des Wachstums der Retina. Acta Reg. Soc. Physiogr. Lund **15**, 1—45 (1904).

Gärtner, J.: Elektronenmikroskopische Untersuchungen über die Feinstruktur der normalen und pathologisch veränderten vitroretinalen Grenzschicht. Albrecht v. Graefes Arch. Ophthal. **165**, 71—102 (1962).

Giacomelli, F., Wiener, J., Spiro, D.: Cross-striated arrays of filaments in endothelium. J. Cell Biol. **45**, 188—192 (1970).

Gleser, W. D.: Zur Untersuchung der Mechanismen der Bilderkennung im Wahrnehmungssystem. Z. Psychol. **171**, 80—91 (1965).

Granit, R.: Die Elektrophysiologie der Netzhaut und des Sehnerven mit besonderer Berücksichtigung der theoretischen Begründung der Flimmermethode. Acta ophthal. (Kbh.) **14** Suppl., 1—98 (1936).

— The colour receptors of the mammalian retina. J. Neurophysiol. **8**, 195—210 (1945).

— Tansley, K.: Rods, cones and the localization of pre-excitatory inhibition in the mammalian retina. J. Physiol. (Lond.) **107**, 54—66 (1948).

Grignolo, A., Orzalesi, N., Calabria, G. A.: Studies on the fine structure and the rhodopsin cycle of the rabbit retina in experimental degeneration induced by sodium iodate. Exp. Eye Res. **5**, 86—97 (1966).

Gunter, R., Harding, H. G. W., Stiles, W. S.: Spectral reflexion factor in the cat's tapetum. Nature (Lond.) **168**, 293—294 (1951).

Häggendal, J., Malmfors, T.: Identification and cellular localization of the catecholamines in the retina and the choroid of the retina. Acta physiol. scand. **64**, 58—66 (1965).

Hansson, H.-A.: Ultrastructure of the surface of the epithelial cells in the rat retina. Z. Zellforsch. **105**, 242—251 (1970).

— Scanning electron microscopy of the retina in vitamin A-deficient rats. Virchows Arch., Abt. B **4**, 368—379 (1970).

— Scanning electron microscopy of the rat retina. Z. Zellforsch. **107**, 23—44 (1970).

— Scanning electron microscopic studies on the synaptic bodies in the rat retina. Z. Zellforsch. **107**, 45—53 (1970).

Hebel, R.: Über ein Körperchen mit regelmäßiger Innenstruktur in einer Synapse der äußeren plexiformen Schicht des Hundeauges. Albrecht v. Graefes Arch. klin. exp. Ophthal. **180**, 38—43 (1970).

Heller, S.: Über die Funktion von Zink-cystein im Tapetum lucidum. Hoppe-Seylers Z. physiol. Chem. **348**, 1211—1212 (1967).

Heydenreich, A.: Das morphologische und mikrochemische Verhalten der Pigmentgranula. Albrecht v. Graefes Arch. Ophthal. **159**, 162—179 (1957).

Hirsch, M. H., Zelickson, A. S., Hartmann, J. F.: Localisation of melanin syntheses within the pigment cell: determination by a combination of electron microscopic autoradiography and topographic planimetry. Z. Zellforsch. **65**, 409—419 (1965).

Horsten, G. P. M., Winkelmann, J. E.: Development of the ERG in relation to histological differentiation of the retina in man and animals. Arch. Ophthal. (Chic.) **63**, 232—242 (1960).

Hosch, F.: Bau der Säugethiernetzhaut nach Silberpräparaten. Albrecht v. Graefes Arch. Ophthal. **41** (III), 84—98 (1895).

Kaczurowski, M. I.: The pigment epithelium of the human eye. Amer. J. Ophthal. **53**, 79—92 (1962).

Kidd, M.: Electron microscopy of the inner plexiform layer of the retina in the cat and the pigeon. J. Anat. (Lond.) **96**, 179—187 (1962).

Klug, H., Lommatzsch, P.: Vergleichende elektronenmikroskopische Untersuchungen am Innenglied von Stäbchen und Zapfen normaler menschlicher Retina. Z. mikr.-anat. Forsch. **77**, 596—610 (1967).

Knoche, H.: Ursprung, Verlauf und Endigung der retino-hypothalamischen Bahn. Z. Zellforsch. **51**, 658—704 (1960).

Kolmer, W.: Über ein Strukturelement der Froschretina. Anat. Anz. **25**, 102—104 (1904).

— Die Netzhaut. In: W. v. Möllendorff, Handbuch der mikroskopischen Anatomie des Menschen, Bd. III/2, S. 295—466. Berlin: Springer 1936.

Koyanagi, Y.: Über die physiologische sekretorische Tätigkeit des retinalen Pigmentepithels für die Ernährung der äußeren Netzhautschichten. Albrecht v. Graefes Arch. Ophthal. **142**, 304—310 (1940).

Krölling, O., Grau, H.: Lehrbuch der Histologie und vergleichenden mikroskopischen Anatomie der Haustiere. Berlin u. Hamburg: Paul Parey 1060.

Kuhn, O.: Außeroptische Lichtwirkungen bei tierischen Organismen. Studium gen. **13** (8), 477—491 (1960).

Kuwabara, T.: Microtubules in the retina. In: The structure of the eye, ed. by J. W. Rohen, p. 69—84. Stuttgart: Schattauer 1965.

Ladmann, A. J.: The fine structure of the rod-bipolar synapse in the retina of the albino rat. J. biophys. biochem. Cytol. **4**, 459—466 (1958).

— Electron microscopic observations on the fine structure of Müller cells in the retina of the cat. Anat. Rec. **139**, 247 (1961).

Lauber, H.: In: W. v. Möllendorff, Handbuch der mikroskopischen Anatomie des Menschen, Bd. III/2, S. 1—295, 468—676. Berlin: Springer 1936.

Lauwers, H., Sebruyns, M.: Histochemische Untersuchungen am Auge des Hundes (In Vorbereitung.)

Leach, E. H.: On the structure of the retina in man and monkey. J. roy. micr. Soc. **82**, 135—143 (1963).

Leonardi, E.: Fondo oculare del cane. Ann. Ottalm. **58**, 18—27 (1930).

Lerche, W.: Elektronenmikroskopische Beobachtungen über die Entwicklung der Pigmentgranula in der Netzhaut menschlicher Embryonen. Albrecht v. Graefes Arch. Ophthal. **164**, 543—545 (1962).

— Elektronenmikroskopische Untersuchung zur Differenzierung des Pigmentepithels und der äußeren Körnerzellen (Sinneszellen) im menschlichen Auge. Z. Zellforsch. **58**, 953—970 (1963).

— Submikroskopische Veränderungen an den Außen- und Innengliedern der Sinneszellen der menschlichen Netzhaut. Albrecht v. Graefes Arch. Ophthal. **168**, 581—593 (1965).

— Wulle, K. G.: Über die Genese der Cilien und der späteren Receptoraußenglieder im embryonalen menschlichen Augenbecher. Albrecht v. Graefes Arch. Ophthal. **172**, 286 —292 (1967).

— — Über die Genese der Melaningranula in der embryonalen menschlichen Retina. Z. Zellforsch. **76**, 452—457 (1967).

— — Zur Feinstruktur des embryonalen menschlichen Glaskörpers unter besonderer Berücksichtigung seiner Beziehung zur Linse und Retina. Ber. ophthal. Ges. **68**, 82—90 (1968).

Leure-du Pree, A.: Ultrastructure of the pigment epithelium in the domestic sheep. Amer. J. Ophthal. **65**, 383—398 (1968a).

— The occurrence of granulated vesicles (dense-core) in the domestic sheep (Ovis aries). Electron microscopy, vol. II, S. 569—570, ed. by D. S. Bocciarelli. Roma: Tipografia Poliglotta Vaticana 1968b.

Lieb, W., Knauf, H.: Über die Ultrastruktur der Photoreceptoren der Netzhaut. Elektronenmikroskopische Untersuchungen der Stäbchenzelle des Rhesusaffen mit zusammenfassender Literaturübersicht. Klin. Mbl. Augenheilk. **145**, 657—676 (1964).

Malmfors, T.: Evidence of adrenergic neurons with synaptic terminals in the retina of rats demonstrated with fluorescence and electron microscopy. Acta physiol. scand. **58**, 99—100 (1963).

Marks, W. B.: Visual pigments of single cones. In: Colour vision, ed. by A. V. S. de Reuck and J. Knight, p. 208—213. London: J. and A. Churchill, Ltd. 1965.

Meller, K.: Elektronenmikroskopische Befunde zur Differenzierung der Rezeptorzellen und Bipolarzellen der Retina und ihrer synaptischen Verbindungen. Z. Zellforsch. **64**, 733—750 (1964).

— Histo- und Zytogenese der sich entwickelnden Retina. Eine elektronenmikroskopische Studie. Veröff. morph. Path. **77**, 1—77 (1968).

— Breipohl, W.: Die Feinstruktur und Differenzierung des inneren Segments und des Paraboloids der Photorezeptoren in der Retina von Hühnerembryonen. Z. Zellforsch. **65**, 673—684 (1965).

— Glees, P.: The differentiation of neuroglia-Müller-cells in the retina of chick. Z. Zellforsch. **66**, 321—332 (1965).

— Haupt, P.: Die Feinstruktur der Neuro-, Glio- und Ependymoblasten von Hühnerembryonen in der Gewebekultur. Z. Zellforsch. **76**, 260—277 (1967).

Menner, E.: Vergleichende Untersuchungen über die Retina wildlebender und domestizierter Caniden. Z. Naturw. **93**, 77—88 (1939).

Missotten, L.: Etude des synapses de la rétine humaine au microscope électronique. Proc. Eur. Conf. on Electron micr., Delft 1960, II, p. 818—821.

— L'ultra-structure des cellules horizontales externe de la rétine humaine. Bull. Soc. belg. Ophtal. **128**, 207—214 (1961).

— The synapses in the human retina. In: The structure of the eye, ed. by J. W. Rohen, p. 17—28. Stuttgart: Schattauer 1965.

— Appelmans, M., Michiels, J.: L'ultrastructure des synapses des cellules visuelles de la rétine humaine. Bull. Soc. franç. Ophtal. **76**, 59—82 (1963).

Moyer, F.: Electron microscope observations on the origin, development and genetic control of melanin granules in the mouse eye. In: The structure of the eye, ed. by G. K. Smelser, p. 469—486. New York-London: Acad. Press 1961.

Müller-Jensen, K.: Histochemischer Nachweis saurer Mucopolysaccharide in der Sehzellschicht der Säugerretina. Albrecht. v Graefes Arch. Ophthal. **168**, 572—576 (1956).

Murr, E.: Über die Entwicklung und den feineren Bau des Tapetum lucidum der Feliden. Z. Zellforsch. 6, 315—336 (1927).

— Die physiologische Bedeutung des Augenleuchtens unserer Haustiere. Forsch. u. Fortschr. 7, 327—328 (1931).

Negishi, K.: Excitation spread along horizontal and amacrine cell layers in the teleost retina. Nature (Lond.) 218, 39—40, 69 (1968).

Nichols, C. W., Koelle, G. B.: Acetylcholinesterase: Method for demonstration in amacrine cells of rabbit retina. Science 155, 477—478 (1967).

— — Comparison of the localization of acetylcholinesterase and non-specific cholinesterase activities in mammalian and avian retinas. J. comp. Neurol. 133, 1—16 (1968).

Parry, H. B.: Degeneration of the dog retina. I. Structure and development of the retina of the normal dog. Brit. J. Ophthal. 37, 385—404 (1953).

Pedler, C. H.: The inner limiting membrane of the retina. Brit. J. Ophthal. 45, 423—438 (1961).

— The fine structure of the tapetum cellulosum. Exp. Eye Res. 2, 189—195 (1963).

— Rods and cones — a fresh approach. In: Colour vision, ed. by A. V. S. de Reuck and J. Knight, p. 52—88, London: J. and A. Churchill Ltd. 1965.

— Tansley, K.: The fine structure of the cone of a diurnal gecko (Phelsuma inunguis). Exp. Eye Res. 2, 39—47 (1963).

— Tilly, R.: The serial reconstruction of a complex receptor synapse. In: The structure of the eye, ed. by J. W. Rohen, p. 29—53. Stuttgart: Schattauer 1965.

— — Ultrastructural variations in the photoreceptors of the Macaque. Exp. Eye Res. 4, 370—373 (1965).

Pellegrino de Iraldi, A., Etcheverry, G. J.: Granulated vesicles in retinal synapses and neurons. Z. Zellforsch. 81, 283—296 (1967).

Prince, J. H., Diesem, Ch. D., Eglitis, I., Ruskell, G. L.: Anatomy and histology of the eye and orbit in domestic animals. Springfield (Ill.): Ch. C. Thomas Publ. 1960.

Polyak, S. L.: Structure of the retina in primates. Acta ophthal. (Kbh.) 13, 52—60 (1935).
— The retina. Chicago: Chicago University Press 1941.

Porter, K. R., Yamada, E.: Studies on the endoplasmic reticulum. V. Its form and differentiation in the pigment epithelial cells of frog retina. J. biophys. biochem. Cytol. 8, 181—205 (1960).

Radnot, M., Lovas, B.: Die Ultrastruktur der Synapsen der inneren plexiformen Schicht der Netzhaut. Acta ophthal. (Kbh.) 45, 566—568 (1967).

— — Die Ultrastruktur der Photorezeptor-Synapsen in einem Falle von Sehnervenatrophie. Albrecht v. Graefes Arch. Ophthal. 173, 56—63 (1967).

— — Kristallartige Gebilde in der Rhesusnetzhaut. Elektronenmikroskopische Untersuchungen. Acta ophthal. (Kbh.) 46, 815—820 (1968).

— — Bölcs, S.: Beitrag zur Ultrastruktur der inneren Körnerschicht der Netzhaut. Klin. Mbl. Augenheilk. 153, 692—696 (1968).

— — Trux, E.: Structures paracristallines dans la rétine de l'homme et du singe rhésus. Extr. Bull. Soc. franç. Ophtal. 80, 317—324 (1967).

Raviola, G., Raviola, E.: Light and electron microscopic observations on the inner plexiform layer of the rabbit retina. Amer. J. Anat. 120, 403—426 (1967).

— — Tenconi, M. T.: Sulla organizzatione dello strato granulare esterno e della membrana limitante esterna nella retina di coniglio. Z. Zellforsch. 70, 532—553 (1966).

Richardson, K. C., Jarett, L., Finke, E. H.: Embedding in epoxy resins for ultrathin sectioning in electron microscopy. Stain Technol. (Genf) 35, 313 (1960).

Richter, H.: Über die Unterscheidung eines Tapetum cellulosum und fibrosum in den Augen der Haussäugetiere und über das Zustandekommen der Farbtöne des Tapetum lucidum. Münch. tierärztl. Wschr. 50, 1—8 (1928).

— Über einige neue Theorien des Farbensehens. Klin. Mbl. Augenheilk. 118, 240—259 (1951).

Robertis, E. de: Morphogenesis of the retina rods. An electron microscope study. J. biophys. biochem. Cytol. **2** (4, Suppl.), 209—220 (1956a).

— Electron microscope observations on the submicroscopic organization of the retinal rods. J. biophys. biochem. Cytol. **2**, 319—330 (1956b).

— Submicroscopic morphology and function of the synapse. Exp. Cell Res. **5**, Suppl. 347, (1958).

— Some observations on the ultrastructure and morphogenesis of photoreceptors. J. gen. Physiol. **43**/6 (Suppl. 2), 1—14 (1960).

— Franchi, C. M.: Electron microscope observations on synaptic vesicles in synapses of the retinal rods and cones. J. biophys. biochem. Cytol. **2**, 307—318 (1956).

— Lasansky, A.: Submicroscopic organization of retinal cones of the rabbit. J. biophys. biochem. Cytol. **4**, 743—746 (1958).

— — Comparative submicroscopic morphology of rods and cones. IV. Intern. Kongr. Elektr.mikr., 1958 (Bd. II, S. 450). Berlin-Göttingen-Heidelberg: Springer 1960.

— — Ultrastructure and chemical organization of photoreceptors. In: The structure of the eye, ed. by G. K. Smelser, p. 29—49. New York-London: Acad. Press 1961.

— Nowinski, W. W., Saez, F. A.: Cell biology, 4. edit. Philadelphia and London: W. B. Saunders Co. 1965.

Rohen, J. W.: Das Auge und seine Hilfsorgane. In: Möllendorff, Handbuch der mikroskopischen Anatomie des Menschen, Bd. III/4. Berlin-Göttingen-Heidelberg-New York: Springer 1964.

Rutschke, E.: Die submikroskopische Struktur schillernder Federn von Entenvögeln. Z. Zellforsch. **73**, 432—443 (1966).

Sasse, D.: Histochemischer Schwermetallnachweis am Auge. Anat. Anz. **113** Suppl., 201—206 (1964).

Schultze, M.: Über Stäbchen und Zapfen der Retina. Arch. mikr. Anat. **3**, 215—247 (1867).

Sebruyns, M.: Study of the ultrastructure of the retinal epithelium by means of the electronic microscope. Amer. J. Ophthal. **34**, 989—992 (1951).

— Lagasse, A.: Beiträge zum Studium der Ultrastruktur der Pigmentkörner mit Hilfe des Elektronenmikroskops. Mikroskopie **6**, 237—241 (1951).

Shakib, M., Cunha-Vaz, J. G.: Studies on the permeability of the blood-retinal barrier. IV. Junctional complexes of the retinal vessels and their role in the permeability of the blood-retinal barrier. Exp. Eye Res. **5**, 229—234 (1966).

Shearer, A. C.: Morphology of the isolated pigment particle of the eye by scanning electron microscopy. Exp. Eye Res. **8**, 122—126 (1969).

Sheffield, J. B., Fishman, D. A.: Intercellular junctions in the developing neural retina of the chick embryo. Z. Zellforsch. **104**, 405—418 (1970).

Shively, J. N., Epling, G. P., Jensen, R.: Fine structure of the canine eye: retina. Amer. J. vet. Res. **31**, 1339—1359 (1970).

Sidman, R. L.: Histogenesis of mouse retina studied with thymidine-H^3. In: The structure of the eye, ed. by G. K. Smelser, p. 487—506. New York-London: Acad. Press. 1961.

Sjöstrand, F. S.: An electron microscope study of the retinal rods of the guinea pig eye. J. cell comp. Physiol. **33**, 383—404 (1949).

— The ultrastructure of the outer segments of rods and cones of the eye as revealed by the electron microscope. J. cell comp. Physiol. **42**, 15—44 (1953).

— Synaptic structure of the retina of the mammalian eye. Proc. of the III. Intern. Conf. on Electr. Micr. 1954, p. 428—431.

— Ultrastructure of retinal rod synapses of the guinea pig eye as revealed by three-dimensional reconstructions from serial sections. J. Ultrastruct. Res. **2**, 122—170 (1958).

— Electron microscopy of the retina. Anat. Rec. **136**, 278 (1960).

— Electron microscopy of the retina. In: The structure of the eye, ed. by G. K. Smelser, p. 1—28. New York-London: Acad. Press 1961.

— The synaptology of the retina. In: Colour vision, ed. by A. V. S. de Reuck and J. Knight, p. 110—144. London: J. and A. Churchill, Ltd. 1965.

Spitznas, M.: Zur Feinstruktur der sog. Membrana limitans externa der menschlichen Retina. Albrecht v. Graefes Arch. Ophthal. **180**, 44—56 (1970).

Starck, D.: Embryologie; ein Lehrbuch auf allgemein biologischer Grundlage. Stuttgart: Georg Thieme 1965.

Stell, W. K.: Correlation of retinal cytoarchitecture and ultrastructure in Golgi preparations. Anat. Rec. **153**, 389—397 (1965).

— Diskussionsbeitrag zu: Missotten, L., The synapses in the human retina. In: The structure of the eye, ed. by G. K. Smelser, p. 27—28. New York-London: Acad. Press 1961.

Studnitz, G. v.: Das Farbsehen der Wirbeltiere. Klin. Mbl. Augenheilk. **118**, 225—240 (1951).

Taniguchi, Y.: Ultrastructure of pigment granules of retinal epithelium. II. Dog, fish, frog, monkey, mouse and pig. Amer. J. Ophthal. **49**, 935—941 (1960).

Tokuyasu, K., Yamada, E.: The fine structure of the retina studied with the electron microscope. IV. Morphogenesis of outer segments of retinal rods. J. biophys. biochem. Cytol. **6**, 225—230 (1959).

Ts'o, M. O. M., Friedman, E.: The retinal pigment epithelium. I. Comparative histology. Arch. Ophthal. (Chic.) **78**, 641—649 (1967).

Usher, D. H.: A note on the dog's tapetum in early life. Brit. J. Ophthal. **8**, 357—361 (1924).

Uyama, Y.: Die Retina des Säugetieres. I. und II. Zusammenfassende Beschreibung vorwiegend auf Grund meiner eigenen Untersuchungen. Med. J. Osaka Univ. **2**, 1—23, 113—158 (1951).

Viale, G., Apponi, G.: Histochemische Untersuchungen über die Cholinesterasen in der menschlichen Netzhaut. Z. Zellforsch. **55**, 673—678 (1961).

Villegas, G. M.: Electron microscopic study of the vertebrate retina. J. gen. Physiol. **43/6** (Suppl. 2), 15—43 (1960).

— Comparative ultrastructure of the retina in fish, monkey and man. The visual system. Symp. Freiburg 1960, ed. R. Jung, H. Kornhuber. Berlin-Göttingen-Heidelberg: Springer 1961.

Wald, F., Robertis, E. de: The action of glutamate and the problem of the "extracellular space" in the retina. An electron microscope study. Z. Zellforsch. **55**, 649—661 (1961).

Wald, G.: General discussion of retinal structure in relation to the visual process. In: The structure of the eye, ed. by G. K. Smelser, p. 101—115. New York-London: Acad. Press 1961.

Walter, P., Goller, H.: Bau und Funktion der Nervenzelle. Pharm. Acta Helv. **42**, 451—464 (1967).

Weale, R. A.: The spectral reflectivity of the cat's tapetum measured in situ. J. Physiol. (Lond.) **119**, 30—42 (1952).

Weidman, T. A., Kuwabara, T.: Postnatal development of the rat retina. Arch. Ophthal. (Chic.) **79**, 470—484 (1968).

— — Development of the rat retina. Invest. Ophthal. **8**, 60—69 (1969).

Weitzel, G., Buddecke, E., Frotzdorff, A. M., Strecker, M., Roester, U.: Struktur der im Tapetum lucidum von Hund und Fuchs enthaltenen Zinkverbindung. Hoppe-Seylers Z. physiol. Chem. **299**, 193—213 (1955).

Weysse, A. W., Burgess, W. S.: Histogenesis of the retina. Amer. Natur. **40**, 611—637 (1906).

Winckler, J., Turner, H. B.: Über das Vorkommen von Katecholaminen im Pigmentepithel des Meerschweinchenauges während der Entwicklung. Histochemie **19**, 272—280 (1969).

Wolff, H. H.: Enzym-histochemische und elektronenmikroskopische Untersuchungen über die Entwicklung des Tapetum lucidum der Katze. Histochemie **13**, 245—262 (1968).

— Elektronenmikroskopische und histochemische Untersuchungen zur Entwicklung des Tapetum lucidum der Katze. Anat. Anz. **125** (Suppl.), 291—296 (1969).

Wolter, J. R.: Silver carbonate techniques for the demonstration of ocular histology. In: The structure of the eye, ed. by G. K. Smelser, p. 117—137. New York-London: Acad. Press 1961.

Wyman, M., Donovan, R.: The ocular fundus of the normal dog. J. Amer. vet. med. Ass. **147**, 17—26 (1965).

Yamada, E.: The fine structure of the tapetum of the kitten eye as revealed by the electron microscope. J. Ultrastruct. Res. 1, 359—364 (1958).
— Ishikawa, T.: Some observations on the submicroscopic morphogenesis of the human retina. In: The structure of the eye, ed. by J. W. Rohen, p. 5—16. Stuttgart: Schattauer 1965.
Young, R. W.: A difference between rods and cones in the renewal of outer segment protein. Invest. Ophthal. 8, 222—231 (1969).
— Bok,D.: Participation of the retinal pigment epithelium in the rod outer segment renewal process. J. Cell Biol. 42, 392—403 (1969).
Zietschmann, O., Krölling, O.: Lehrbuch der Entwicklungsgeschichte der Haustiere. Berlin u. Hamburg: Paul Parey 1955.
Zürn, J.: Vergleichend histologische Untersuchungen über die Retina und die Area centralis retinae der Haussäugetiere. Inaug.-Diss. d. Med. Fakultät Gießen, 1902.

Sachregister